贡茶普洱的故事

云南省茶文化博物馆 著

刘宝建 曾丽云 撰稿

A Story of Pu'er Tea as Tribute

故宫出版社

目录

卷首语

中国封建王朝的番邦、土司、土府、或有一定地位的官员为了表示对中央大国和帝王的尊崇而进献物品或人才称为上贡。中国的贡茶史从有文字记载的土贡算起有近三千年，而从形成制度的唐代算起已是一千多年。清代云南六大茶山的贡茶制始于雍正七年（1729），至光绪三十年（1904）历时175年，若以土贡和岁贡计，应为200多年的"云南贡茶史"。

贡茶是礼制，有相关的茶政茶法和不同品牌。贡茶是中国茶文化史不可缺失的一页，是普洱茶文化的文脉，也是古六大茶山茶文化的核心价值所在。

今天，虽然贡茶的制度形态已不复存在，但作为它的文化形态，贡茶制作的技艺仍然流传至今。贡茶这个古老的制度耐人寻味，千百年来给人们留下了多少如烟的往事。

《贡茶普洱的故事》一书以贡茶为主线，以文史为经、图表为纬，鸟瞰历史、纵横捭阖。取材独特，内容详实，论点科学。历史是一门科学，茶饮是一门艺术，从传说及文献、宫廷御用到非遗传承，这是历史与现实的对话，科学与艺术的结合，可使人耳如心，事理圆融，这是本书的长处。书如境，文如人。本书作者一位是故宫的学者，一位是茶文化的棋手。她们史料富足、实践丰厚；思维清晰、结构严谨。从她们的作品中可以听到历史深处的声音，闻到清香甘冽的书卷气味；字里行间闪烁着她们心智的火花，凝聚着她们汗水的结晶，可敬，可贺！

《贡茶普洱的故事》一书穿越历史时空，追溯百年技艺，为世人提供了茶政茶法、传统工艺和相关历史文化信息，折射到社会政治、经济、文化等领域，对普洱茶文化的研究有重要的参考价值。

妙笔生花话普洱

这是2010年金秋的夜晚，做梦都未曾想到，我竟然会游荡在这样一个四围高高红墙的狭长无尽的石板路上，而这里就是享誉中外的东方历史与文化的圣地——故宫（紫禁城）。此时天地漆黑一片，宫门早已关闭，我们却还驱车在高高的宫墙下。此时此刻，面对偌大而空旷黑暗的宫殿，真是心生恐惧，脑海里不断闪现出的是古时宫廷奇异故事。在深红色的宫墙和金黄色的琉璃瓦映衬下，抬头看看，此时的紫禁城上空，竟然有众多乌鸦盘旋，地上还不时有各种猫在蹿。历经几百年岁月，古老的紫禁城依然不断给今天的人们带来新的惊喜和故事，在这座沧桑而神秘的宫殿里，真不知还隐藏着多少鲜为人知的秘密……

我们一行彼此太热烈地交流，一谈到怎样把清朝时云南进贡给皇宫的好茶再次带到这里，让两个世纪后造访故宫的宾客游人再次领略云南普洱茶的风采，一时忘情。此刻，我的思绪又飞回到了白天伫立的故宫永和宫展陈普洱茶的玻璃柜前——永和宫位于故宫博物院东路，这里是清代后妃的寝宫。如康熙帝孝恭仁皇后久居此宫，道光帝静贵妃、咸丰帝丽贵人、鑫常在、斑贵人等也在此居住过。在清代后妃生活区内展览普洱茶，仿佛是重现了帝后饮普洱茶的情景。进入展室，透过明亮的玻璃柜，游客可以将展品看得一清二楚。

我一眼就认出那用我们茶山特有的黄竹笋壳包裹着的七子饼、沱茶和那黄绸小盒内精致的茶膏。锦缎匣里盛装的"普洱茶膏"是一个个的带有图案的正方形小茶块，一层为28个，每层有一个纸制的硬隔板，共4层，112块，每块约4克，共计约450克。锦缎匣盖上有木刻印刷的文字，上面写着："普洱茶膏能治百病，如肚胀受寒，用姜汤发散，出汗即愈；口破喉颡，受热疼痛，用五分噙口过夜即愈；受暑擦破皮血者，研敷立愈"。透过厚厚的展柜玻璃，我清晰地看见那斑驳的笋壳下依然有生命力的普洱茶。此刻我的脑海里如同播放幻灯片似的映出了一幅幅百年前云南边疆人民不畏辛劳的画面，驮茶进贡的马帮，沧桑的马锅头，茫茫林海中的古茶园，俊俏采茶阿妹的宏卷以及那从茶山深处连接京城的茶马古道……面对这些历经上百年而流传下来的"贡品"，我们不能不感受到一种生命的"神奇"。但"神奇"不是飘渺的，更不是虚幻的故事。这"神奇"是一种智慧，是一种原始丛林流芳百世的生命延续。

我识普洱于易武——清代贡茶的故乡；我知普洱于源远流长、积淀厚重的历史文化；我爱普洱于她是极富有生命的灵物，也缘于我的挚友——北京故宫宫廷部刘宝建老师。我们早年在云南偶遇，因普洱结缘，多年来，无论信息往来、电话交流还是见面交流，话题总是与普洱有关，普洱茶这根纽带把我们连在了一起。

该书能与大家分享，完全得益于我们常常品茗普洱的愉悦，和齿间喉头荡气回肠的美妙感受。刘老师讲普洱的宫廷故事，我听得如痴如醉。我动情地描述着原始丛林走来的奢华——那参天的古茶树，斑驳的古茶庄，沧桑的茶马古道，一幅幅如诗如画的美丽茶山图也让刘老师向往不已。一个是在祖国首都北京故宫工作了几十年的研究员，一个是在祖国的西南边陲从事经济工作的爱茶之人，虽然远隔千山万水，可我们却都对普洱茶情有独钟，久而久之便萌发出应该把这有着神奇生命、又有历史意义的普洱文化发扬光大的想法。在我们多少次对话中，她讲普洱的御用，我说普洱的气度不凡。我们要把这散落在民间的珍珠一颗一颗寻找回来，并擦亮、串起她，奉之于社会。

我思绪万千，很难想象人们能把那边疆十万大山里的粗枝绿叶，与这千里之外皇宫内的金枝玉叶联系起来。她的蜕变、转身如此华丽，她不仅hold住了京城近两个多世纪，还作为国礼hold住了邦交。

难怪在乾隆皇帝的御笔下，有了《烹雪》这首佳作：

......

独有普洱号刚坚，

清标未足夸雀舌。

点成一碗金茎露，

品泉陆羽应惭拙。

......

　　透过乾隆帝对普洱茶的赞誉之词，可见当年云南普洱茶真是当之无愧的"名遍天下，京师尤重之"。那么普洱茶究为何物，以至让皇帝都大发此感慨？在此，让我们打开中国的版图，寻找西南边陲那一望无际的原始大森林，去探秘那植物王国里的精灵，那传说中彩云南现的地方——云南。那茶圣陆羽笔下南方嘉木的根，是世界茶树之原，是普洱茶之地，也是清代普洱贡茶的故乡。在西双版纳，有清代的永安桥碑记载——"云南迤南之利，首在茶"为证。"贡茶"不仅只是个传说，也是皇宫帝王嫔妃杯中的饮品，如果把它放到历史的坐标中，它对研究清代社会的政治、经济、文化具有重要的意义。让我们打开史册，拂去岁月的尘埃，再现贡茶普洱的记忆以及它的传承……

曾丽云

历史深处的回音

　　云南是世界茶树原产地，云南人发现、利用茶叶的历史悠久，而在人类发展的历史长河中，人们发现茶叶的历史要比利用茶叶的历史长许多，利用茶叶的历史又远比形成形、音、义三者兼备的"茶"字及茶文化的历史长许多。拂去岁月的灰尘，翻开历史的扉页，我们便可以从茶的创世纪，武王伐纣，土官以茶纳贡的记载和"武侯遗种""孔明兴茶"的传说中去寻觅那些永不消失的屐痕。

茶叶创世

　　有一个美丽的传说：混沌初开时，世上只有花草树木，没有人类。在天界有一株茶树，想去装点荒凉的大地，于是智慧女神考验它，让狂风吹落它的102片叶子，摧毁它的树干。茶树叶在狂风袭击中发生了微妙的变化，单数变成了51个精明强干的小伙子，双数变成了51个美丽的姑娘，他们在空中轻盈地飞翔。几万年过去了，兄妹们经受住了无数凄风苦雨的磨难，谁也没有动摇、退却，于是天神帕达然施展神威，赶退了洪水，露出了奇形怪状的大地。但大地上却充斥着瘟疫恶魔。兄妹们团结奋战，经历了一万零一次磨难，终于驱逐了所有的魔鬼，使大地清平安康。50个姑娘因解去了腰箍，便和50个男青年飞回天界。最小的一个叫亚楞的姑娘，仍系着腰带腰箍，便和小伙达楞一道留在了大地上，他们一同繁衍人类。开始时人类住岩洞、吃野果，后来学会了盖竹楼、种五谷。

　　云南是一个民族众多的省份，各个民族都会以自己崇拜的图腾表述自己是从哪里来的，比如说拉祜族他们认为自己是从葫芦里走出的民族。而上面所讲的神话则反映了德昂族从吃野果到靠吃五谷为生的过程，表明德昂族的祖先最初过着原始采集的生活，经过一个漫长的时期，才过渡到农业时代。更有趣的是，该神话把德昂族尚茶的习俗与民族起源的历史紧密结合起来，形成了一个自己民族起源的美好传说。

据《中国贝叶经·佛祖巡游记》记载，佛祖释迦牟尼云游曾到现今的西双版纳驻足讲经，当地傣家人民看到佛祖讲经非常辛苦，于是纷纷献上茶水。佛祖认为有了好茶还必须有好水，于是把喝剩的茶水就地一洒，刹那间，森林的边缘就现出了一条清澈的大河，并取名曰："喃腊河"（傣语：喃指"茶"，腊指"水"，喻为"茶水之河"），也就是我们现在西双版纳勐腊县境内看到的南腊河，它被誉为六大古茶山的母亲河。

孔明兴茶

据云南少数民族传说，诸葛亮率大军出成都南下，乘船顺水到乐山，之后渡金沙江进入今云南区域，接着是"七擒七纵"孟获，平定南中。在征战途中，一次，诸葛亮率兵离开西洱河，沿哀牢山南进，军士来到桃花江畔的桃叶渡口，因触江水瘴气中毒，纷纷晕倒于沙滩。在万分危急之时，得到当地蛮濮人相助，采集了森林里的一种树叶与生姜煮水，士兵喝了这水立即痊愈，并且将此树叶含在口中避染瘴气，得以顺利渡过桃花江作战。诸葛亮看到此树叶如此神效，查询史料方知此野生树为"荼"（即"茶"），神农尝百草遇七十二毒时亦即得茶而解之。诸葛亮命军士以当地蛮濮人为向导，到哀牢山中采购茶籽，并帮助老百姓引为家种。后来每逢行军打仗就命士兵们采集一些茶叶随身携带，以解毒和生津止渴。

又传说：诸葛亮率军南征到了攸乐山，有些将士感觉视力减退，有的甚至失明。诸葛亮得知后，把自己的手杖向寨边的山梁上一插，手杖长成茶树，摘下树上的叶子煮水，军士们喝过以后，眼睛便复明了。当地人称茶为"孔明树"，山为"孔明山"。基诺族传说他们的祖先是跟随诸葛亮南征时留下来的军士，诸葛亮教他们种茶，还让他们按照他的帽子的形状盖房子居住。

这些民间传说由来已久，有些虽显然并非信史，但表现了"茶"在当地民众心目中的重要地位。

古六大茶山何以得名？《普洱府志》记载："六茶山遗器，俱在城南境，旧传武侯遍历六山，留铜锣于攸乐、置铓于莽芝、埋铁砖于蛮砖、遗木梆于倚邦、埋马镫于革登、置撒袋于慢撒，故以名其山。又莽芝有茶王树，较五山茶树独大，相传为武侯遗种，今夷民犹祀

孔明山

孔明山茶祖遗址碑

之。"蜀汉建立后，武侯孔明实施"南抚夷越"的政策，派使者深入西南边疆安抚各少数民族小国，向他们传授农耕、饲养、医药、制作等技术。他得知该地人口稀少，野兽凶猛，当地人不仅庄稼频繁遭野兽践踏而经常颗粒无收，而且连性命都时常不保，唯有饮用之茶既不受野兽践踏又深受人们喜爱，便动员该地人只在较为安全的地带种粮，重点管理和采摘茶叶，用它与外乡人换取粮食等物品，还派人帮他们四处宣传和换物，这使该地茶业正式步入正轨。人们结伴上山采茶，既可避免被凶兽所伤，生活也相对更有保障。这就是该地（以攸乐人为代表）的茶农、茶商不仅十分敬仰孔明，而且将孔明奉为"茶祖"的原因。因此，当地原住民族将孔明奉为"茶祖"祭祀，并非孔明先认识茶而传入或带茶种来给当地人栽培，而是他因地制宜地动员和帮助当地人重视

并发展茶业。

这些说法虽没有确切的史料记载，但是在茶区的广大茶农，特别是老人间传说，可见诸葛亮在茶农们心中的地位。每年农历七月二十三日诸葛亮生日以及每年春茶采摘之前，茶山老百姓都要举行"茶祖会"，祭拜茶祖诸葛亮，祭拜属于"武侯遗种"的茶王树，祈求茶叶丰收、茶山繁荣、茶农平安。云南普洱茶因这方水土和这群民众而固有的地域、历史、民族、特色，造就了其与生俱来的独特魅力。

古茶寻踪

　　中国云南是世界茶树的发源地，以天然的地理位置，独特的气候、土壤及地下土层的充足养分，孕育了茶树的生长与繁衍。时至今日，云南境内仍有多达50个县的原始森林中可见野生茶树，其中有些还有茶王、茶祖的称号。典型的凤庆县3200年的古茶树、镇源县2700年古茶树和勐海县1700多年的巴达古茶树均为野生型古茶树，弥足珍贵。勐海县南糯山有一树龄达800多年的栽培型茶树，澜沧县邦崴千年树龄过渡型茶树和景迈山千年万亩古茶园，也颇为奇观。这三种类型的茶树被人们公认为茶树王，

1　3200年茶祖

2　2700年古茶树

3　800年栽培型古茶树

4　1700年野生型古茶树

5　蛮砖古茶林

1	2
3	4
5	

澜沧景迈千年万亩古茶园

且各具特色。以南糯山800多年的栽培型茶树为列：此树经人工驯化，树体不甚高，树冠丰满，茶叶肥硕。参观者驻足于树前，就能感受到茶叶散发的浓烈香气。

一、"银生"散茶

云南，古称"西夷"（包括今云南、贵州西部及四川西南部）。这里富饶而美丽，生长着繁多的植物，而在古文献记述的众多植物名称中，独不见有普洱茶一词。庆幸的是唐朝樊绰著有《云南志》（此书又有《蛮书》《云南记》《云南史记》《南夷志》等名称），作者著此书也有一番故事。唐懿宗咸通三年（862），蔡袭代王宽为安南（今越南河内）经略使，樊绰随行。他受蔡袭之命，收集有关南诏国（公元738~902年存，为唐朝西南部的奴隶制政权，国境包括今云南全境及贵州、四川、西藏、越南、缅甸的部分土地）的资料。为完成此任，他亲身实地考察，在此基础上参考前人的有关书籍，撰写出《云南志》10卷。经他细致考察，在卷七中写道："茶出银生城界诸山，散收无采造法，蒙舍蛮以椒姜桂和烹而饮之。"文中的银生城，即现云南西南部景东、思茅和西双版纳一带地区，茶散收的情景，则是延续至今的云南普洱茶的摊晒阶段的做法。由此可知，一些古茶树在那里常年生长，其叶子经人们加工成供饮用的散茶，也就是今之普洱茶。

散茶在市场上很活跃，它的生长地与藏王的居住地毗邻，两地域通过物物交换获得各自所需的日用品。7世纪初，藏王松赞干布在拉萨建立了吐蕃王朝，统一了青藏高原各部落，吐蕃势力逐渐强盛，唐王朝对其采取了和亲安抚政策。从这时起，吐蕃势力扩张到了滇西北地区，公元680年，吐蕃在今丽江塔城置神川都督，当时又称铁桥节度。随后，吐蕃还利用南诏政权与唐朝廷的矛盾，一度使南诏归附自己。这样，就使藏族文化进入今四川西部和云南西北部地区。藏族和汉族在同一地域共同生活，经济、文化等方面互相影响，尤其是当地土特产品也会通过互市而进行交换。诸如吐蕃国以盛产的牦牛、骏马、胡羊、皮张等畜产品，香、冬虫夏草等名贵药材和物品，换取四川、云南的各种粮食和农产品。其中换取茶叶是最为重要的，随着吐蕃用茶的升温，也开始了滇国的散茶（即大叶普茶）运输至吐蕃的历史。

最初是文成公主将茶叶带入藏区，当地臣民才初识这奇物。又因为他们素日饮食以肉食为主，伴以马、羊乳品佐餐，最需茶叶去油腻、解腥膻及通泄，生活中逐渐依赖茶叶。但还有一个重要的原因，那就是佛教活动中用茶。唐贞观十五年（641），文成公主嫁给松赞干布，在其丰厚的嫁妆中，不仅有异于藏区的物品，如丝绸、农耕用具、蚕茧、佛像与茶等物品，还将佛教相关的艺术和理念也传入了文化闭塞的高原地区。之后就是佛教活动的普及深入，同时也促成了大量用茶的局面。

原来茶与佛有着不解之缘。在佛教界中流传着这样一个神话：禅宗初祖达摩面壁修炼九年，有一次竟在沉思中睡着了，他醒后非常恼怒，便割下自己的眼睑扔在地上。眼睑落地后生根长成茶树。达摩取其叶浸泡在热水中，饮后消除了睡意，终于面壁十年修成正果，创立禅宗。《封神演义》中也描述道："开元中泰山灵岩寺有降魔大师，大兴禅教。学禅务于不寐，又不夕食，皆许其饮茶，人自怀挟到处煮饮，以此转相仿效，遂成风俗。"同时，茶叶还是敬奉佛祖的供品。

上述几方面的因素，使藏区对茶的需求量愈来愈大，与异域货品交换中获取的茶叶已无法满足，因此上层当权者开始拓宽获取茶叶的渠道。唐玄宗开元十九年（731），唐朝应吐蕃请求，于赤岭（今青海日月山）设互市。唐宪宗元和十年（815），唐再应吐蕃要求，又开陇州塞（今陕西省陇县）为市，唐朝以丝绸、茶叶及汉区的其他物产换取吐蕃的战马。搭乘官方需要战马的时代快车，滇国的"银生城"及周边地区采摘的大茶叶增多了销售的机会。

二、滇茶易马

宋代，随着茶叶种植面积扩大与产量不断增加，中原地区茶叶的用途从日常饮啜、上贡朝廷、市场交易、佛教用茶中，又多出一个新的功能，这就是茶马交易。以茶换马的做法，早在唐朝时就已进行，但没有形成制度，到了宋代，朝廷始建茶马互市，并成为制度。

宋神宗熙宁七年（1074），遣李杞入蜀置买马司，于秦、凤、熙河诸州设官马场，规定用四川的茶叶交换"西番"各族的马匹，这期间也不乏有滇茶的出现。

茶马交易逐渐趋于顺畅，各地不同名目需用的茶叶也是有增无减，

它带给了人们生活的另一番景象。以南宋末年为例，吴自牧曾记录当时都城临安饮茶的情况："盖人家每日不可缺者，柴米油盐酱醋茶。"这一情景，在雪域高原的吐蕃人中也自然呈现。与南方崇尚清茶饮法不同的是，当地藏民配以酥油，少许盐等，再通过多道加工，做成适合本民族饮用的酥油茶，这种茶饮传至今日而不衰。

对于吐蕃而言，获取茶叶有多种途径，官方掌控下的以马换四川茶

马帮贡茶万里行纪念碑
（2006年立）

叶是其重要渠道。在"茶马互市"政策的影响下，地处滇藏要冲的迪庆，与内地经济交往日益频繁。迪庆居处滇东北、川南地区，山田薄少，刀耕火种，当地百姓常以采荔枝、贩茶为业。这一时期入藏的大叶种茶，经南涧下关、中甸、迪庆运往藏区，藏区的马匹、牲畜及皮毛也经这些地区运往内地，因此这些地区的茶马市场逐渐兴旺起来，是贯通藏汉之间的重要通道，茶马古道成为一条对外交往之路。同时，还有相当的一些吐蕃人延续前人的做法，通过定期与云南少数民族的货物交易获得普洱茶。

有资料表明滇茶对外交换的兴旺，还与大理国有直接的关系。五代时期以白族为主体的少数民族在今云南一带建立了少数民族国家。晋天福二年（937），通海节度段思平灭南诏建国，定都羊苴咩城，国号大理，因举国尊崇佛教，又称妙香国。其政治中心在洱海一带，疆域大概是现在云南省、贵州省、四川省西南部、缅甸北部地区，以及老挝、越南的少数地区。在整个宋代，大理国每年将数以千计的战马以及察香、胡羊、长鸣鸡、披毡、云南刀和各种药物，运到广西进行交易，其中的战马、醉香、胡羊及其他某些药物，并非当地特产，系用茶叶从藏区换来。《续资治通鉴》中有记载：绍兴三年（1133），西南诸蛮约2000人至泸州售马，带去出售的货物还有毯、茶、麻诸属。

蒙古族本是草原上典型的游牧民族。他们素以肉食为主，喜饮奶制品，又缺少蔬菜，这种饮食结构需要茶叶去除体内的油腻。元世祖忽必烈开始榷买蜀茶，从至元十一年（1274）起，逐渐榷买江南各地之茶，在至元十二年（1275），已设置常湖等处茶园都提举司，"采摘芽茶，以供内廷"。于是，蒙古人也开启了饮茶之风，并且有许多关于饮茶颇为讲究的逸事。在皇室的饮茶中，加工制作法也自成体系，取用的茶叶品种也不断增加。成书于元大德时期的《饮膳正要》记载，元廷内当时已享用19种茶。其中"炒茶"很有特色，"用铁锅烧赤，以马思哥油、牛奶子、茶芽同炒成。"马思哥油即用牛奶"打取浮凝"的白酥油，这是典型的奶茶做法。蒙古饮茶法既不同于汉民的清茶饮，也不同于吐蕃人饮用的酥油茶。在元朝廷内，还注重水质的取用。元武宗海山（1308~1311年在位），在饮茶时就很讲究用水，皇帝和一些重要的大臣也配有专门伺候茶饮之人。如天顺帝就是一位酷爱饮茶的天子，为了喝到可口的茶水，他身边的一位妃子专侍奉饮茶，白昼一刻也不离开。在侍茶的妃子中，还有一位来自朝鲜的齐氏，这是元代一位非蒙古族的妃子。又如东察合台汗国的大异密（大臣）忽歹达亨有十二项特权，其第二项就是"可汗用两名仆人给自己送茶，送马奶；忽歹达用一名仆人给自己送茶，送马奶"。从元代宫廷内专有仆人侍候、送茶以及奶茶的制作和择水等内容看，饮茶之风已经盛行。

元朝宫廷生活与茶叶结缘的同时，皇帝对茶叶的管理也提上议事日程。元统治者本民族的畜牧业发达，马匹来源充足，不必依赖于藏区，因而中止了茶马互市。但是，为了收税和对藏族地区的管理，元朝没有放弃对茶叶买卖的掌控权。元世祖至元五年（1268），元朝在成都征茶税，并于"京兆、巩昌（今甘肃陇西）置局发卖"。次年，又设西蜀四川监榷茶场使司，掌榷茶之事。十四年（1277）再"置榷场于碉门、黎州，与吐蕃贸易"。在这些官方指定的地点，茶叶买卖正常进行。但有些民间开展的物品交易，也呈现出活跃的景象，尤其是云南地方集市的交易物中，频繁出现的还是大叶种的茶。元代李京在《云南志略·诸夷风俗》中记载"金齿白夷，交易五日一集，以毡布盐茶相互贸易"。这说明云南的傣族、白族等少数民族中更多的人加入了茶叶买卖的行列中。这些在交换中的大叶茶，被传播得更远，也让更多的人认识了云南大叶种的茶。

三、"普雨"序曲

明代，人们对滇茶的认识进入了一个新的阶段，这得益于朝廷茶马贸易性质的改变以及文人提笔撰写的效用。

明初，朝廷执行严格的茶马政策。明太祖以战争需要、控制茶叶进入蒙古地区为由，设茶课司，国家令"番夷"纳马，酬之以茶。明初茶马交易以官营为主，严禁私商贩茶到藏区易马。藏族地区的许多产马部落也都被指定了派购任务，谓之"差发"，发给金牌作为信符。明廷每年可以用茶叶换回大量的藏马，如洪武十年（1377）茶马司就曾用茶叶五十万斤换到一万三千八百匹藏马。官方以数量惊人的茶叶换取藏马时，当然不排除也会有滇茶的参与。

明初茶马交易制度严格，中期的商营贸易则打破了原有的禁区，迎来了贸易活跃的局面。凡贸易中涉及滇茶的，主要集中在丽江木氏土司统治时期，这时滇茶从大山中走到了更多的地方，当然藏区还是主要的供给地。但因当时藏区所需茶叶仍然是通过川、陕、甘等途径流入，而滇茶销往中甸及康南地区依旧数量有限，行销方式尚属民间货品的交易。再据《明会典·茶课》记载：云南每年茶课仅一十七两三钱一分四厘，这是当时滇茶未能成为大宗外销商品的明证。

明代对云南的交通也有所改进。明洪武十四年（1381）朱元璋平定云南后，设云南宣政使司，之后云南地区的驿站在元代的基础上也有所发展，尤其是在茶马互市中为中原地区与藏族地区开辟了几条主要的交通线，加强了中原地区与藏族地区的联系。沿着各主要交通线也诞生了一些较大的城镇，其中就有云南丽江。它历来是云南和西藏、四川等地交流的重要关口。《奉使办理藏事报告书》中提到"由云南昆明，经丽江、中甸、阿墩子（德钦），过宁静山，转昌都，约两月半可抵拉萨，云南商人多取此道"。一定数量的滇茶就是在这条道路上运抵西藏的。

云南一些地区商业化店铺的兴盛，也将滇茶饮用的日趋频繁表现出来。《徐霞客游记》的滇游日记六中记述徐霞客的所见，沿交通大道多开设有"茶庵"、"茶房"，供行人休息解渴。他所经过的寺庙，僧人大多也是自种茶林，以茗饮接待来往的香客。当地人也用大叶茶招待远道而来的客人，可见当地人早已视滇茶为如意的饮品了。

对滇茶的认识，多出于官员或文人的笔下。明代的谢肇淛，万历年间官至云南布政使司左参政兼佥事。置身于云南，他将目睹的当地实事，撰写进《滇略》一书。书中记录"滇苦无茗，非其地不产也，土人不得采取制造之方，即成而不知烹瀹之节，犹无茗也"。"士庶所用皆普茶也，蒸而成团，瀹作草气，差胜饮水耳"。他笔下的普茶，是滇人常饮之茶，这茶加工成茶团，茶水味道却有草性味。作者将品茶后的不快之感归罪于土人不擅茶叶加工与烹茶。明朝著名的思想家、史学家、语言学家顾炎武，在《肇域志》中论述丽江军民府时有这样一个内容："松州（四川松潘）赏番茶，有杂木叶者，番人怒而掷之。安知滇徼外之茶，彼无仰给乎"。这里透露出蜀地那里的少数民族依赖于滇茶，并引以为常的事实。

另有明代著名哲学家、科学家方以智在编撰的《物理小识》中记述："普雨茶蒸之成团，西番市之，最能化物……"

这里值得注意的一个内容是，继散茶、茶的称谓后，云南的茶迟至明代有了新的名字：普茶、普雨茶，这与后人定名普洱茶极为相近。茶叶有了新名字的同时，茶性、味道、加工的造型、用法以及药性等，也都有了一定的讨论。

随着明人游历风气的盛行，文人在游历山水间品茗论道，对各地茶品的褒贬中，竟也加入了普洱茶。对普洱茶的饮用以及茶性的认识，体现出明代人对普洱茶有了一定的欣赏水平。

四、名扬天下

"普洱茶名遍天下，味最酽，京师尤重之。"清代普洱茶，与前几朝相比，不再是躲在深山里默默无闻的叶子了，而是阔步迈向更多的城市，以至于跨境到国外。她能与名茶论高低，更有甚者，成为帝后御盏的茗品。在她名声远播的岁月里，有几方面的事发生了变化，直接为她营造了美好的发展前景。

（一）茶业兴起

清代，朝廷一些政策的实施，使六大茶山迎来了一个扬眉的契机。雍正十三年（1735），朝廷在云南地区颁发茶引，商人按引纳税，每引购茶一百斤，征收税银三钱二分，后来茶叶引额不断增加。颁发茶引的实施，对茶商、茶农将茶叶上市为商品买卖，提供了规范化的交易模式，在保证茶商、茶农的权益的同时，使制茶贩茶的经营活动也更具灵活性。实行茶引以后，本地茶农自然津津乐道于务茶，同时也极大吸引了外来的务茶人。以六大茶山为例，雍正年间，曹当斋管理下的茶山，就有石屏、四川、楚雄等地的汉人迁到六大茶山，在荒芜的土地上共同开辟出新茶园。乾隆二十六年（1761），茶区革登山的老宅遗址，矗立着一个大石碑，从

镌刻的碑文中100多位捐款人的名字可以探知，乾隆初已有江西、湖南、湖北等地的人在革登茶山一带种茶经商。众多人力的投入，使一些地方出现了"山山有茶园，处处有人家"的生机景象。嘉庆、道光年间，是六大茶山最辉煌的时期，每到春季采茶时，上山人如潮水，繁忙异常，留下了"周八百里，入山十万人"的文字记载。

雍正时期，改土归流后，六大茶山华丽转身成为贡茶园。为保证茶叶的品质，在官方的管理下，制茶理念开始与宫廷连在一起。在制作贡茶时，挑选的原料不仅要"一摘嫩蕊含白毛，再摘细芽抽绿发"，还要进行万片扬箕分精粗、千指搜剔穷毫末的分离，待第三次采摘，茶叶就不符合贡茶的标准了。在加工上，茶农极尽能事，或自己亲自制作，或借助他人的技术加工，形成品种多样的茶。其中团茶依重量又分大、中、小三种。这些茶团坚硬与松散度适中，造型规矩，反映出茶农择选原料老道，制茶手艺娴熟。这一特点在故宫所收藏的普洱茶中能够得到充分印证。大号普洱茶，经长期存放后，转变成金黄颜色。它直径为25厘米、高16厘米，外包装用笋壳，是清光绪时期有名字号的得意之作。尤其是茶膏的熬制，火候的掌握，模具的精雕细刻，普洱茶膏花纹的如此细腻，非借鉴皇家吉祥图案而不能成。这种制茶膏的工艺，堪称云南茶叶加工的经典。

（二）商贸繁荣

清代，新辟市场、商贾云集和不同的经商模式，促成了普洱茶商贸繁荣的景象。在新辟市场上，清顺治十八年（1661）三月，北胜边外达赖喇嘛干部台吉，以云南平定，遣使邓几墨勒根携方物请求朝廷于北胜州（今云南永胜县）互市茶马。就在这一年十月，北胜州开始茶马互市，随即又关闭。康熙四年（1665），复准云南北胜州开茶马市。当时云南商人等利用滇西南辗转运来的普洱茶，途经鹤庆、丽江等地，与来自青海等地的蒙古商人交易。不久，丽江府改设流官，又因交通较便，茶市便改设丽江。藏族商人每年自夏历九月至次年春天，赶马队到丽江领茶引，赴普洱贩茶。从丽江经景东马帮结队，络绎于途，每年贸易成交量可观。

国外市场上，普洱茶输出的数量增多，地域也在拓展。据丽江商业调查，早在清初纳西族的商人李悦即已开始澳藏贸易，并成为著名富商。道光年间倚邦的普洱茶已卖到了印度和欧洲。《贵州省和云南省》一书谈到，光绪十一年（1885）六大茶山中的倚邦茶山中有许多江西人和湖南人在做买卖。其中特别提到："有茶叶交易往来于仰光、掸邦、加尔各答、噶伦堡和西金"。勐腊县易武等地，也将普洱茶销售至香港地区驮及印度、老挝、泰国、越南和欧洲地区。

如此活跃的市场，其经销的形式主要有两种：

一是流动式，这也是最传统的买卖，且人数不断增多。商人用马匹驮运货品往返于商道之中，不惧路途的遥远。这时期滇商的身影多了起来。在清人的一些游记中也有这样的描述：如乍丫、察木多以及至拉萨的沿途要镇，均有滇商的足迹。城外寨落甚稠，滇民贸易者不少。滇茶是商人贩

1　云南丽江永胜的煮茶杯
云南省茶文化博物馆藏
2　云南丽江永胜的煮茶壶
云南省茶文化博物馆藏

1
―――――
2

运的重要货品。同时，擅长经商的滇人，清中叶以后逐渐形成许多商帮，如鹤庆、丽江、腾冲、喜州的不少商人经营滇藏贸易。他们以滇省的茶、糖、铜器等物，再从西藏运回药材、皮毛等物。这些流动的经营商们数量越多，滇茶的交易量也就越大。

二是固定的商贸形式。清中期以后，茶山一些家境殷实的商人，他们经营的货品中多以普洱茶而成名。他们有一定的资产与专业技术。自主加工茶叶，自备马匹，雇用劳力运输，以此循环普洱茶买卖。可见固定经商与个人流动商贾最大的不同是，商主尽管在一地进行经济运转，无需亲自上阵商道，但茶叶加工与上市交易量却极大地提升。

不同的经营模式，众多商贾的参与，尤其在国内市场上，出现了新的动向。宣统二年（1910），边军管带程凤翔《桑昂物产班域等情形》中记载："桑昂南距倮罗四站，所用之茶，倮茶最多，滇茶次之，川茶绝少。价值以倮茶为贱，每一包合银六分，一驮合银一两二分……价格随时低昂，皆不及川茶之贵。"这表明随着印茶的入藏，川茶日衰，滇茶逐渐取代川茶与印茶相抗衡。这与《案请增科照收茶厘》提到的情形完全吻合：近年印茶、滇茶频入西藏，川茶因之滞销。综合清人对藏区茶叶市场的记述，可以看出滇茶较往常更受欢迎。川茶价高至大众消费者投以冷漠的眼神；倮茶过于俗物而少有人问津；唯普洱茶因运途较近，价格较廉，茶味醇厚等优势，对其他的茶品构成威胁。尤其是在藏区一些地方，滇茶已独据一方。

（三）修建道路

清初，与普洱茶运输相关的道路，异常糟糕，滇藏道路仍处于险恶之中。康熙时期，杜昌丁随云贵总督蒋陈锡由滇赴藏，杜氏在所著《藏行纪程》中详记当时沿途的情景：藏路险阻，非人所至，高坡峻岭，鸟道羊肠，几非人迹所到。就是茶产地的云南，运输道路也是"茶庵鸟道"。落后的道路与日渐兴旺的茶市贸易发生了碰撞，促使人们对路况进行改

变。许多路段不断进行改造、修建。新的道路也在此时开辟，有的道路还
呈网格状，四通八达。最好的例证是六大茶山之易武。在道光二十五年
（1845），由茶商、绅士出钱，民众出力动工，历时六年铺成青石板路，

全长200多公里，路面宽2—5米。还有从昆明经思茅至六大茶山的崇山峻岭中，蜿蜒壮观的石板商路，宛如一条白色玉带，将原来泥泞的土路覆盖。不久，官方又将这条新修石板路延修至六大茶山中的倚邦茶山。得益于修路之利，延至清末，一些茶区的交通空前的畅通。清晚期还新增一条从易武途经思茅、大理、丽江、迪庆，一直到达西藏的道路。

晨光中，用于运茶的蜿蜒崎岖鸟道和宽阔平坦的青石板路，宛如不同的键盘，在马蹄清脆声与推车轱辘的滋滋作响中，弹奏出一首首动人乐曲。这些曲子是普洱茶的最爱，因为她们是伴着这样的乐曲完成交易之旅的。而且，道路越顺畅，乐曲就越铿锵激扬。

（四）宣传共鸣

清代，普洱茶得到大力的发展，使得国内外更多学者开始予以关注。清初，波兰人卜弥格（Michel Boym）就已向世人介绍了云南的普洱茶。卜弥格是西方耶稣会士兼植物学家，他受耶稣会派遣来华传教。他先在云南、桂林、海南等地逗留，并进入南明小朝廷，为明朝最后一个皇帝朱由榔、皇后以及首领太监庞元寿等洗礼，后者希冀借西洋人之手，力挽残明。卜弥格以成功的喜悦携带帝后信件回到罗马，在天主教中掀起不小的波澜，视为亚洲传教史上的一次丰功伟绩，教皇对此也有回音。当卜弥格信心满满，怀揣教皇信件再次欲入中国，中国因改朝换代令他不能踏入。传教的执着使他接受了现实，留在云南西南的安南、缅甸等地边境，在传教之余绘制中国植物，并于1656年在奥地利的维也纳出版了彩色图版的《中国植物志》。书中主要收录了中国南方特别是云南的多种罕见植物，使云南的茶树与茶花开始为域外人士所知。书中有云南普洱茶图，这是出自西方人笔下的对普洱茶形状的珍贵记录。时隔不久，1667年，德国传教士阿塔纳斯·基歇尔在意大利的罗马出版了巨著《图说中国》一书。书中附有大量细密精致的铜版画，并对一事一物都有详尽说明。其中一幅介绍了云南南部的茶树。图中的茶树叶为典型的大叶普洱茶，树上一朵茶

花正盛开，似乎散发着浓郁的香气。茶树的右下方有一块席子，上面摊晾着硕大的茶叶，恰好又是云南人对普洱茶加工中一道程序的真实写照。该书作者阿塔纳斯·基歇尔（Athanasius Kircher）是梵蒂冈博物馆的创始人及第一位馆长，也是罗马天主教廷的首席博物学家，蜚声国内外学术界，因此随着他的《图说中国》一书出版，更多人领略到了普洱茶的风采。

有些外国人士撰写普洱茶时文笔细腻，表述翔实。清康熙五十年（1711），一位意大利传教士伊波利托·德西德里（Ippolit Desideri）（1684～1733）长途跋涉进入西藏，历经五年掌握了藏文，并成功撰写了书籍。他在《西藏纪行》中反映了藏民的饮茶习俗："所有人都在喝茶，每天若干回他们在大陶釜里搁上一把茶，放少量水，再加一点盐土。盐土是白色粉末，会使茶汤变成上好葡萄酒一样的颜色，但不会掺杂茶味。茶汤煮到水分合适的时候，用木柄反复搅拌，直到茶汤表面出现泡沫，就像我们打巧克力糖浆一样。随后用篦子滤去茶渣，再加水煮开。茶汤中加入鲜奶、黄色酥油和盐。将调好的茶倒入另一个容器，反复搅拌。随后将打好的酥油茶倒入用铜钉装饰的木壶中，每人可以享受三四碗。"他们在饮茶中，对于茶叶的药用性与身体健康有了更多的认识。一位英国的藏学家查尔斯·阿尔弗雷德·贝尔（Charles Alfred Bell）在书中提到："有的藏民相信，胃空着时，水会从肝里上溢，需要用食物和茶重新压下去。有的藏民则认为，早上空腹不舒服是胃虫爬出来的缘故。需要用热茶和早餐将他们送回去。" 因为藏族是与普洱茶打交道较早的民族之一，这日饮的酥油茶中又怎能没有普洱茶呢。至19世纪，英国学者克拉克·威斯勒（Clark Wissler）著有《贵州省和云南省》一书，其中提到云南境内六大茶山产普洱茶、销售普洱茶的情况。

比之国外的著述，国内有关普洱茶的记述更具持续性，内容更加广泛而深入，形式则不拘一格。据不完全统计，资料如下：

表一

序号	作者	时间	资料来源
1	刘健	康熙五十八年（1719）	《庭闻录》
2	倪蜕	清乾隆二年（1737）	《滇云历年传》
3	张泓	约清乾隆十八年（1753）	《滇南新语》
4	赵学敏	清乾隆三十年（1765）	《本草纲目拾遗》
5	稽璜等	清乾隆五十二年（1787）	《清朝通典》
6	王昶	清乾隆三十三年（1768）	《滇行日录》
7	吴大勋	清乾隆四十七年（1782）	《滇南闻见录》
8	曹雪芹	清乾隆年间	《红楼梦》

9	檀萃	清嘉庆四年（1799）	《滇海虞衡志》
10	师范	清嘉庆十二年（1807）	《滇系》
11	祁韵士	清嘉庆十三年（1808）	《西陲竹枝词》
12	总管内务府大臣	清嘉庆二十一年（1816）	《奏案》
13	阮福	清道光五年（1825）	《普洱茶记》
14	雪渔	清道光六年（1826）	《鸿泥杂志》
15	郑绍谦、李熙龄等	清咸丰元年（1851）	《普洱府志》
16	总管内务府大臣	清咸丰十年（1860）	《奏销档》
17	段永源	清同治元年（1867）	《信征别集》
18	王文韶等	清光绪二十七年（1901）	《续云南通志稿》
19	许廷勋	清光绪年间	《普茶吟》
20	云贵总督等	清	《进贡单》

　　与之类似的还有石碑文，在当时各茶山通讯极为有限的条件下，地方在管理中通常将有关政令刻于石碑上，以规范人们的行为，令其共同遵守。以六大茶山为例，多处矗立的石碑上的文字，直接或间接反映出与普洱茶有关的内容。石碑统计如下：

表二

序号	文字载体	时间	资料来源
1	石碑	清乾隆二年（1737）	倚邦茶山（碑文：乾隆二年（1737）给普洱贡茶采办土管曹当斋的敕命）
2	石碑	清乾隆六年（1741）	蛮砖茶山曼庄村（碑文：六大茶山地名及与茶山有关的事情）
3	石碑	清乾隆十三年（1748）	倚邦茶山（曹当斋立，碑文：云贵总督张允亲署的茶叶管理条例）
4	石碑	清乾隆二十六年（1761）	革登茶山（碑文：江西、湖南、湖北等地人在革登茶山种茶经商的活动）

5	石碑	清乾隆四十二年（1777）	倚邦茶山（碑文：乾隆四十二年（1777）给曹当斋之子曹秀管理茶山的敕命）
6	石碑	清乾隆五十四年（1789）	曼撒茶山（碑文：有关采办贡茶概况等）
7	石碑	清嘉庆年间	蛮枝茶山（碑文：反映莽枝茶农的经济状况等内容）
8	石碑	清道光十年（1830）	易武磨者河永安桥遗址（碑文：磨者河的凶险和贡士赵良相为采办贡茶与同仁筹资修桥的经过）
9	石碑	清道光二十八年（1848）	倚邦茶山（碑文：收贡茶钱粮存在拖欠等）
10	石碑	清道光三十年（1850）	易武磨者河永安桥遗址（碑文《圆功桥碑记》：道光二十五年（1845）思茅至易武的茶马古道全程用石块铺设，当地茶商再次筹资在磨者河上修建"圆功桥"的过程）
11	石碑	清道光年间	蛮枝茶山牛滚塘（碑文：反映当时有些回族在此街居住的情况）
12	石碑	清光绪十三年（1887）	倚邦茶山（碑文：思茅厅公布的有关雇主对雇工付工钱和抚恤等）
13	石碑	清光绪年间	易武茶山易比村（碑文：乾隆时期此地开辟许多茶园等）
14	石碑	清	倚邦茶山村委会（数块碑文：普洱贡茶相关的事宜）
15	石碑	清	曼撒茶山弯弓大寨大庙遗址（碑文：修建弯弓大庙捐银人的功德碑）

此外，清宫档案中《奏案》《奏销档》《进贡单》《清实录》等书，也有关于普洱茶的记载。此时的普洱茶如其他名茶一样，有正式的名字，有更多的文字记录，内容以多视角介绍，阐述了普洱茶的功能、经济发展、贡茶的确立、进贡品种、用途等。而外国学者的著述，让异域更多的人将目光投向普洱茶，从开始了解到不断地接受。

茶叶贸易交易碑　　　　　　断案碑（局部）　　　　　茶叶贸易交易碑永远遵守碑

曼撒茶山执照和状榜碑文　　　　　茶山执照碑　　　　古驿站牌匾（云南省茶文化博物馆藏）

　　清代的普洱茶就是这样，经历了从普通茶到贡茶的洗礼，在市场的角逐中，已然加入到中华大地的商贸里。在中国茶叶这个大家族中，普洱茶不仅跻身于各茶的行列，更使人们感受到其自身特有的文化。

古六大茶山清韵

　　清雍正时期古六大茶山进行了"改土归流"的制度改革，乾隆时期又实行了开放政策，大批汉人涌入古六大茶山种茶、制茶，开放政策促进了茶山经济发展和文化繁荣。生产力的发展使古老的农耕文明出现了民族资本主义的萌动，新的生产方式牵引着古茶山文明的进程，滋润着古茶山丰饶的土地。这段历史的每个脚印都不知演绎过多少可歌可泣的故事，也不知留下了多少创业者的动人诗篇。

六山奇秀

一、葱郁的古茶园

（一）优越的地理位置

位于西双版纳傣族自治州的古六大茶山，地处北纬21°51′～22°06′，东经101°14′～101°31′之间。东与老挝交界，边境线约100余公里，北与江城县相连，西与景洪市毗邻，南与勐仑、瑶区连接，幅员2200多平方公里，历史上称为江内地区。其中攸乐茶山是景洪市的一个乡，位于景洪市东北部，距景洪城53公里；易武茶区（包括易武茶山、曼撒茶山）距景洪123公里，距勐腊县城110公里；象明茶区（包括倚邦茶山、曼砖茶山、莽枝革登茶山）距景洪168公里，距勐腊县城163公里。

（二）独特的自然环境

茶树是典型的亚热带植物，喜欢温暖湿润的气候环境。实验研究表明：茶芽在日平均≥10℃时生长萌芽，日平均气温≥15℃时，新芽生长快，可以采摘，日平均气温在15℃～20℃时为生长旺盛期，20℃～30℃时，生长虽然快，但茶叶容易老化，当气温高于30℃时，则容易抑制茶叶的生长。茶树在生长期内需要大量的水分，一般年降水量需要在1000～2000毫米，生长期的月份需降水量在100毫米以上，相对湿度在75%以上。

高山云雾出好茶

彩光映茶花

茶树喜弱光而耐阴，当云雾多时，空气湿度较高，有利于增加茶叶中的含氮物质和芳香物质。而生产普洱贡茶的六大茶山位于北纬21°51′～22°06′，东经101°14′～101°31′之间，山水相连，气候、地形、植被等条件相近。六大茶山土地属红壤和赤红壤，土层深厚、肥沃，土壤的PH值多在4.5～6.5之间，十分有利于茶树的生长。六大茶山年平均气温20℃，冬无严寒夏无酷暑，植被四季常青。六大茶山地区四季不明显，只有雨季和旱季之分。年降雨量在1400～1500毫米之间，其中四月到十月之间为雨季，降雨量最多，达到1800～2100毫米。另外，六大茶山地区，日照时间短，雾气长，每天早晨8点到中午12点之间，基本上是大雾弥漫，极有利于茶树的生长。

这里的古茶树稀植高大，通风透光好，不易发生病虫害，不施化肥，不用农药。这里还远离工矿、集镇，不受烟尘废气污染，加上茶农的精心管理，所产的大叶种有机茶，历来深受中外茶家好评。

这是云南南部一块孤悬于唐诗宋词意境之外的磅礴与纤丽并存，而又深得上苍宠幸与眷顾的土地。在这里日月经天、江河行地，东边巍峨的哀牢、无量两大山脉，阻挡了西伯利亚寒流的侵袭，同时又滞留住了孟加拉湾的暖湿气流；北回归线穿越而过，为这片土地赢得了充裕的日照；澜沧江、李仙江和怒江的部分水系从这里顺势而下，流经东南亚，注入太平洋和印度洋。千百条河流在这里大小交汇，它们氤氲蒸腾着，包容了天地之灵气，孕育出物种丰富多元的丛林、茶树。它们便是在这片若干年后被称为普洱府的地方起源。在这片广袤的土地上还现存有3540万年的宽叶木兰化石和千年的万亩古茶园群落。

勐海南糯山古茶园

（三）密布的古茶园区

调查结果显示：古茶树和古茶园分布在景洪市、勐腊县和勐海县的19个乡镇，100个村寨之中，区域面积多达十三万亩，百年以上古茶园共82234亩；古茶树树龄多数在200～500年之间，其中有上百株500～800年的人工栽培型古茶树。最具代表性的是勐海巴达的树龄在1 700多年的大理茶野生型古茶树、南糯山的树龄达800多年的栽培型古茶树和勐腊倚邦古茶山小叶种古茶树。古茶树分布疏密不一，密度大的80～100余株每亩，密度小的30～55株每亩。古茶树主要分布在海拔910～1463米之间的古茶山地区，树龄高的基本上分布在海拔千米以上植被较完好的古茶山，并呈现东、南、北三面分布多而西面分布少的特点，这与自然山势和人群聚居分布有关。

（四）多样的古茶树种

由于古六大茶山未受到第四纪冰川破坏的

大叶种古茶叶

中叶种古茶叶

小叶种古茶叶

影响，保留下来的山茶科植物繁多，恐龙时代的活化石桫椤随处可见。

在六大茶山的最高山峰海拔2023米的黑水梁子考察，这里山峰陡峭，有桫椤，有野生大叶种茶和小叶种茶，据说这里就是大叶种茶的发源之地。

镇沅千家寨2700年树龄古茶树

二、壮美的古茶山

据《普洱府志》记载，"思茅厅从樱桃台俯瞰群岫，势若建瓴，橄榄坝遥开旷野，在厅治南五百十余里，雍正年总督鄂尔泰建议设州城址，已定旋复中止，鞏若苞桑，金城三里，绕以清水之河。玉屏双开，扼以通衢之险。联八劢以环卫形错犬牙。榷六山为正供，用资雀舌。一攸乐

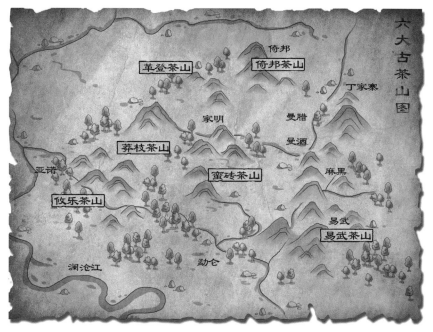

山在府南七百五里，后分架布山、熠崆山；一莽枝山在府南四百八十五里；一革登山在府南四百八十里；一蛮砖山在府南三百六十里；一倚邦山在府南三百四十里；五山俱倚邦土司所管。一曼撒山即易武山，在城南一百八十五里，为易武土司所管。"

封建社会由于"普天之下，莫非王土"，所以天下的物产都归王室所有，即除了法定的税赋之外还有进贡的"纳贡"制度。从政法上讲，纳贡意味着君臣关系的确立；从经济上看，茶事已成为国家经济的组成部分、重要产业；从文化上说，茶饮文化已经进入宫廷。

打开《云南通史》物产篇，跃入人们眼帘的便是产自于西双版纳的古六大茶山之茶。六大古茶山为倚邦、攸乐、莽枝、曼撒、蛮砖和革登，位于澜沧江以东，西双版纳州勐腊和景洪境内，为西双版纳傣族古景龙金殿国在江内思茅、普腾、整董、勐乌、六大茶山和橄榄坝等六个版纳（行政区）中的一个行政单位。清雍正七年（1729）改土归流，"六大茶山"和其他五个版纳均划归普洱府管辖。普洱为"六大茶山"所产茶叶的集散地，随着普洱茶的畅销，古"六大茶山"也就闻名中外。据《普洱府志》稿卷之十九和檀萃《滇海虞衡志·食货志六·物产篇》云："普洱茶名，重于天下，出普洱所属六茶山，一曰攸乐、二曰革登、三曰倚邦、四曰莽枝、五曰蛮砖、六曰曼撒，周八百里。入山作茶者数十万人，茶客收买运于各处。"

（一）攸乐茶山

攸乐茶山位于西双版纳州景洪市基诺乡境内，清道光以前曾有茶园万亩，年产茶叶约2000担。攸乐茶山靠近设在景洪的车里宣慰司通往内地的九龙江大道，是历史上运茶必经之地，曾一度成为古六大茶山的中心。清雍正七年，清廷曾在攸乐山司土寨（茨通）设攸乐同知，建攸乐城，辖地"东至南掌国（老挝）界七南至车里（景洪）界九十五里，北至思茅界四百四十二里"（《云南通志》）。清政府赋予攸乐同知的权利很大，还

规定车里宣慰司岁纳银粮要交攸乐同知，同时负责贡茶的采办。因多种原因，雍正十三年（1735），把同知从攸乐山转移至思茅，贡茶由倚邦土千总监管。攸乐人会做竹筒茶和茶膏，但没有茶庄，所产茶叶主要与茶商换粮食、食盐和布匹等。攸乐茶山于清末衰落，迄今尚存古茶园2000多亩，20世纪80年代以后，基诺乡开始重新振兴茶叶，新植茶园1万多亩。

（二）革登茶山

革登茶山位于西双版纳州勐腊县境内，东连孔明山，南与基诺茶山隔江相望，西接蛮砖茶山，北与倚邦茶山为邻，年产茶量在500担以上。史料记载，清嘉庆年间，革登八角树寨附近有茶王树，传说为诸葛孔明所栽，春茶每一季可产干茶一担。茶王树现已枯死，只留下一个根部腐化而成的洞穴作为曾经存在过的证明。今天的革登，老茶树所剩无几，仅存茶

房、秧林、红土坡等几片古茶园。

（三）倚邦茶山

倚邦茶山位于西双版纳州勐腊县象明乡境内，面积360平方公里，倚邦在傣族语中被称为"唐腊"，即茶井的意思。在古六大茶山中，倚邦茶山的海拔最高，几乎全是高山。明末清初石屏人开始迁居倚邦，建茶号、兴茶山，盛时有茶园两万多亩。倚邦茶山的茶叶属乔木小叶种，茶芽细长，汤色橙黄，味纯正，回甜甘醇，尤以特殊香型著称。阮福《普洱茶记》记载："入山作茶者数十万人。"清雍正七年（1729）清政府对西双版纳实行"改土归流"置建普洱府，古六大茶山便从车里宣慰使司的辖地中划出。倚邦土司曹当斋因在改土归流中有军功，被授为土千总，由于曹当斋的施政和管理才能，使古六大茶山民族矛盾逐渐平息，走向发展之路。从此，曹氏家族世袭管理倚邦、革登、莽枝、蛮砖的茶山近百年，并成为古六大茶山的贡茶主办官，可以说云南普洱贡茶从倚邦开始。倚邦茶山中的曼松茶为上品，被指定为特级贡茶，多供皇上享用和作为礼品送外国使臣。

倚邦的曼松茶成为贡茶首选，其优势有二。其一，倚邦曼松小叶种茶，叶小芽细，其品质优于沿海小叶种茶，香气优于其他五大茶山大叶种。更形象的是它在冲泡时茶尖朝上，根茎朝下直立，具有万众朝贺之势，故为贡茶首选。其二，曼松茶特别适合北方人的口味。倚邦茶山因贡茶而声名远播，促进了当地茶叶的产销，年产茶叶1000担，畅销省内外，还远销到越南、香港等地。民间有"吃曼松看倚邦"之说，兴盛时倚邦商户超过千户。作为古六大茶山的中心，倚邦荣耀了60多年。曼松贡茶园如

今人所绘倚邦茶山

今已不复存在，仿佛昔日的辉煌都已淹没在了这万山重林之中。但在王子山周围，还稀疏生长着几十棵乔木型大叶种茶树，曼松老寨旧址仍存，坐南朝北，在老寨的东北方向不远的地方，还建有土地庙，住着香唐人，擅种茶。倚邦老街的龙脊石板路以及路边随处可见的古时遗留的石刻、石碑、石柱基，这些保留完整的茶马古道，完全就是一个自然博物馆。

清朝中后期，普洱茶制茶交易中心转到易武。倚邦逐渐没落，目前古茶园在倚邦和曼拱面积约有1300亩。近年来普洱茶再度兴起，倚邦这座古代茶叶重镇，又重受世人瞩目。

（四）莽枝茶山

莽枝茶山位于今西双版纳州勐腊县象明乡境内，传说是诸葛孔明埋铜（莽）之地，因此取名莽枝。莽枝茶山历史上称"牛滚塘（现称安

今人所绘莽枝茶山

乐）"，是兴盛一时的茶马古道要冲。史料记载牛滚塘街道很宽，有居民数千人，后毁于兵燹。明清时已有成片的茶园，并有较多内地的人入山作茶。清康熙初年，莽枝茶山的牛滚塘已成为六大茶山北部重要的茶叶集散地。至乾隆年间，莽枝茶山进入兴盛时期，人口过万，村寨密集，仅牛滚塘就有400多户人家；茶园万亩，连山连片，十分壮观。咸丰末年，牛滚塘一带发生严重的械斗，茶农逃避、村寨迁空、茶园荒芜、商贾畏途，莽枝茶山自此一蹶不振，至1949年，牛滚塘仅剩七八户人家，茶山只剩遗址。直到八十年代才又开始重现光彩，现有古茶园970亩。

（五）蛮砖茶山

蛮砖茶山位于倚邦、革登、曼撒、易武四座茶山之间，东接易武，北连倚邦，面积约300平方公里，蛮砖茶山由曼林和蛮砖两大寨组成，曼林茶园较多。李定国部队在勐腊抗清失败后，有少数将士留在此地种茶，现仍有后代20多户。蛮砖寨人口较多，兴盛时住户达300户以上，为蛮砖茶山的茶叶集散中心。1910年前后，外寨一场瘟疫，蛮砖十室九空，仅存10来户人家，直至1919年前后，外寨茶农迁入和外地商贾进驻，蛮砖才又恢复生气，但时至今日，蛮砖也仅有20多户人家，不及盛时的十分之一，古茶园也仅有约5 000亩。

蛮砖茶区现今还完好地保存有一些古茶园，其中曼林有一千多亩生长较好、密度较高的老茶园，茶树的树龄都在300年以上。蛮砖茶山的茶叶色泽较深，汤色橙黄，口感质厚香滑，舌面微苦，回甘强烈，香气沉郁。

曼林寨不远的山坡和丛林中，还有一片片老茶园，除寨子附近管理采摘的茶园，仍有不少的老茶园在周围的山林丛中荒芜，任茶树自由生长。曼林寨茶园生长着一株极为高大的栽培型茶树，其高有5.6米，树幅6.2米×4.5米，基部干围97厘米，生长势头特别旺盛，枝叶繁茂，估计其树龄有200年以上。蛮砖茶山形成在乾隆六年（1741）以前，由石屏汉人

或早居蛮砖的其他民族栽植，当时茶叶产量在1000担以上。目前现存的古茶园，一为蛮砖的瓦苄，有1113亩，年平均单产为200公斤，全年总产量为22.26吨；二为蛮砖缅空，有1100亩。蛮砖古茶园目前生长较好，密度较高，每亩约100株以上，长势较强，属一类茶山，极有发展前景。

（六）易武茶山

易武茶山古称"曼撒"，位于西双版纳州勐腊县北部山区，地处北纬21° 51'～22° 05'，东经101° 14'～101° 31'之间。东与老挝交界，边境线长100公里，西邻思茅江城，北接勐仑镇。境内平均海拔为1400米。最高海拔在东北部黑水梁子，为2023米；最低海拔在龙户村，为700米；易武街为1320米，属难得的高海拔低纬度地理位置。易武茶山与老挝仅一界之隔，面积达878.2平方公里，在古六大茶山中茶园面积和茶叶产量均居半壁江

山。乾隆初期实行移民殖边，云南石屏等地汉族和其他民族不断移居易武及曼撒一带，开辟荒山，种植茶树和创办茶庄，设立茶坊制茶，易武茶叶从此崛起，盛时生产干茶70000余担，成为六大茶山的新秀。道光年后易武茶号、商号大增，至咸丰时古六大茶山的茶叶加工和商贾中心逐渐从倚邦向易武转移。清政府于1879年在易武设立分关，茶叶主销东南亚和香港。光绪年间修编的《普洱府志》把六大茶山中的曼撒改称易武。到20世纪三四十年代，易武便成为古六大茶山之首。至今，易武茶山尚有14 000亩古茶园。

贡茶之源

一、贡茶之源起倚邦

云南史料中记载的古六大茶山中最为辉煌的茶山在倚邦，云南贡茶之源也在倚邦。

（一）倚邦老街

漫步倚邦街上，满眼的古物令人目不暇接，就连老百姓居住的房屋墙面都有古石雕镶嵌……各种碑匾、石雕、石柱基随处可见，至今尚存好几段保留完整的茶马古道，完全就是一个自然形成的博物馆。

1　倚邦老街上的石雕麒麟
2　倚邦老街上的石狮

1 | 2

1 茶马古道途中发现的古钱币

2 茶马古道途中发现的柱础

3 茶马古道

1	2
3	

　　上图这条石板铺就的倚邦街，走在上面会有一种穿越历史的感觉。据说这条街清代叫龙脊背街，位于海拔1420米的山梁子上，长500米、宽1.8米。路中间有一条南北纵向的大石板路，是土司的专道，两旁及东西用小石板铺就的则留给其他人等行走。

　　街中以七道坎为界分为上截街、下截街，上截为土司府及官员居住，下截为平民百姓居住。街口设闸门，有专人管理，早上开门晚上关门，白天平民百姓进上截街需在七道坎下脱鞋、跪拜方能入内。在这里到处是刻有文字或古朴图案的古碑、残垣断壁，几乎整条街的每个角落都在

向人们诉说着曾经的辉煌和沧桑……

　　如今倚邦街虽距乡镇仅有26公里，山路的周围全是生长密集的古茶林，让行进在这山路上的人们产生犹如置身仙境的感觉。虽然近年也修整过，但由于路途狭窄崎岖仍交通不便，尤其是雨季就更难进入。若一不小心跌落山崖，一定会悬挂在古茶树上。

倚邦老街七步坎

（二）辉煌与沧桑

倚邦茶山凭借其历史的厚重和贡茶的优良使人广为称赞。而伟大的茶山先民们竟还在这西南边陲的崇山峻岭中创下了受乾隆皇帝赐碑褒奖的卓著功勋，着实令后人敬仰！

在古六大茶山中倚邦茶山的海拔最高，茶山区域内几乎全是高山。

倚邦古茶林里的乾隆皇帝赐碑

明末清初石屏人开始迁居倚邦，建茶号、兴茶山，盛时有茶园两万多亩。倚邦茶山的茶叶属乔木小叶种，茶芽细长、汤色橙黄、香味纯正、回甜甘醇，尤以特殊香型著称。

19世纪末，随着清王朝的衰落，滇西发生了战乱，西双版纳所属勐乌、乌德又被法国人割占，普洱茶内外销路被阻，六大茶山开始衰落，曹氏家族也随之衰落。民国初年，古六大茶业中心已移向了易武。

抗日战争爆发，东南亚、西亚战火连绵，使得整个六大茶山的茶业一落千丈，所有茶号全部停业，热闹喧腾了200多年的倚邦一派冷寂萧条；1942年，已经十分羸弱的倚邦再遭厄运，攸乐人起义攻进倚邦，火烧古镇三天三夜，几百年成就的繁华全部化为灰烬。从此，倚邦元气散尽，无法再振，几百户伤心的倚邦人远走他乡，倚邦在大山深处变得空空荡荡。至今倚邦也仅有30来户人家，大多为茶商的后人。

（三）贡茶故乡

倚邦茶山中的曼松茶为上品，仅供皇上享用和作为礼品送外国使臣。说到曼松，有一个"王子山"的美丽传说不得不提。约在明代成化年间，有一位地方官员选遍"六大茶山"之茶，最后选中了不仅口感和汤色都居六山之首、而且具有受水冲泡站立不倒之特点的曼松茶，并赋予它"大明江山不倒"的政治意义。

在曼松头人的帮助下，他购得两份精致的曼松优质香茶，一份赠给当时皇帝最信任的大臣，另一份托该大臣转手上贡给皇帝。明宪宗皇帝品了此茶后龙颜大悦，赞赏有加，于是曼松茶从此被确定为宫廷专用的"土贡"茶。从此，明王朝开始征收以"细茶"为主的曼松"贡茶"，包括茶制品"乌爹泥"（茶膏）。朝廷还专门购运瓷瓶、瓷盒来盛放所征收的"细茶"与"乌爹泥"。曼松当时远远不能满足朝廷对"贡茶"的需求，因此朝廷为了就近管理茶业，发展"贡茶"林，也为了服众，于成化年间任命当地少数民族叶氏为土司，从属于车里宣慰使司，并命他设法发展"贡茶"林。叶氏又交由曼松头人李氏具体负责落实此事。

大约至嘉靖年间，曼松头人李氏，率众扩大曼松"贡茶"林规模取得成功，并曾精制一批优质香茶上贡给明王朝，民间因此称之为"贡茶王"。每年的"贡茶"由"贡茶王"协助倚邦土司征收。该山的茶除非"贡茶"收足以后经官方允许，否则任何人不得买卖。该地"团茶"还用木模按李氏人头状制成"人头团茶"，称为"万寿龙团贡茶"。

清康熙年间，"贡茶王"一家本已经没落。一位受清兵追杀，而被民间称为"朱家皇帝"的十六岁少年又逃到曼松投靠"贡茶王"家。此时"贡茶王"早已去世，由当时"贡茶王"的第五代孙认其作"义子"，并谎称其患有"怪病"，举家隐居于现称为"四家寨"的箐沟边，以躲避清兵追杀，但不久就被朝廷发现。"贡茶王"一家为掩护少年逃脱，死伤多人，最后仅剩下70多岁的老者，掩护少年逃到山上扮成茶农，但最终仍被官府发现，惨遭杀害。至此，"贡茶王"第五代孙才向众人透露少年的真实身份，并动员寨人将他埋于一座海拔约为1 400米、直径约15米的圆形平顶山的山顶中央，并围绕其坟挖了一条宽约1米，深约1.5米，周长约60米的防护沟，称为"王子坟"，因此该山被称为"王子山"。"贡茶王"家族似乎已无后人，据说曼松的"瑞贡天朝"大匾，也被其主死前吩咐人烧毁。没烧完的大匾一角，曾被农户用来围猪圈多年，后又被人弄去垫泥路而失踪。

曼松古茶园（一）

曼松古茶园（二）

因为这是该寨人最值得骄傲和自豪的事，因而相传至今，传说李定国拥立朱由榔为南明皇帝，而后明军在倚邦"倒马坎"阻击清军失败，李定国死在勐腊，南明皇帝及其太子逃往缅甸，由此推断这"王子"应该是南明皇帝朱由榔之子。

近年来普洱茶再度兴起，目前古茶园在倚邦和曼松面积约有1300亩。相信智慧、勤劳、善良的倚邦人民一定会秉承先祖的遗风，重振这座古茶山，普洱茶皇冠上的明珠又将大放异彩。

二、六大茶山出贡茶

普洱茶名遍天下，

毅庵独夸生晒芽。

百年是非任评去，

古韵今朝在我家。

追溯清代云南普洱贡茶的出现，不得不提及一位历史人物——鄂尔泰。

鄂尔泰（1680～1745），字毅庵，姓西林觉罗,满洲镶蓝旗人。康熙四十二年，由举人袭佐领。雍正时期先后任江苏布政使、广西巡抚、云贵总督、云贵广西总督等要职。雍正十年（1732）晋升保和殿大学士，居内阁首辅地位。雍正帝死后，他出任总理事务大臣。乾隆元年（1736）任军机大臣、议政大臣、经筵讲官、加衔太傅等，赐号襄伯。乾隆十年

（1745）病逝，享年66岁。乾隆帝亲自治丧，谥文端。配享太庙，入祀京师贤良祠。11年后，因故被撤出贤良祠。鄂尔泰一生仕途中，最辉煌的阶段当在雍正时期。由他确立的改土归流的总方针，提出了改土归流的策略，朝廷予以采纳。他在云南地区先后平定了西南大小土司的叛乱，使改土归流与边疆开发紧密结合。清初西南少数民族在流官的领导下，开创

鄂尔泰像

65

了经济更新的新局面。这其中就包括对云南元江府的辖地六大茶山的系列改造，最终使得当地茶叶载入了皇家贡茶的史册。

（一）改土归流有茶山

云南是世界茶树原生地，自然环境适宜茶树生长，澜沧江流域一带是普洱茶的盛产之地。清代史书以"袤延千余里"道出了茶山的壮观景象。当时居住在茶山附近的民人，以种茶、制茶、卖茶求生，即所谓"衣食仰给茶山"。如此的大自然惠顾，再加上人们的勤劳，在茶区的生活本应是一派清心宁静，但偏有些恶事件发生，影响茶农的正常生活。究其原因，当时西南边陲的云南，大大小小的土司头目割据势力强盛，其中有些头人滋事，成为地方一霸，当地百姓有时难以维持生计。这股恶势力也开始威胁到朝廷的统治，这在客观上促成朝廷对其进行改土归流，以收复边疆。所谓改土归流，是指改土司制为流官制。清朝在西南地区进行改土归流中，官员们深感茶山往往无辜遭受祸端。那些不法土司们长期以大山为屏障，在茶山中肆意抢夺、劫杀过路商客，因一些小事残害"夷人"已是家常便饭。如云南西南的车里宣慰司，近临老挝遥连缅国，那里有一伙被称为"窝泥"的人。"他们虽具人形，但生性愚顽，与禽兽无异"，长时期藉江外为沟池，倚茶山而盘踞。万山之中深匿岩

险之内，入则借采茶以资生，出则凭剽掠为活计。所以恶性事件频发，使当地生民蒙遭重大的损失。这种现象，还源于当地头人身份的复杂性，诸如有茶山土司、孟养土司、老挝土司、缅甸土司等，各土司争相雄长，以强凌弱、以众暴寡。

以雍正六年（1728）擒苗贼刀正彦一事为例。刀正彦所辖各地延至数千里，江内六茶山地方如倚邦、攸乐之属，以及孟养、九龙江橄榄坝等处，俱属要地。他抵触改土归流，对抗清军，由于他处事习性作祟，不仅劫杀茶商客众，就连杀官杀兵也为泛常之事，终于在雍正六年被清军除掉。但余恶势力拒不降服，很快招募兵力，几次掀起为其报仇的风波。这些人先是各戴头盔身披棉被，手执梭镖弓弩枪刀等，在械声阵阵中呐喊报仇，被官方平息时隔数日，再次进行复仇活动。这帮人纠结同伙在夜里放火，将客民草房烧毁，延烧刀正彦原住大楼，至伤及看守的兵丁。面对这股极端势力，驻官特别"令参将邱名扬带领弁兵驻扎"于攸乐。经多方调兵，讲究战术，合力作战，终于将这股复仇之敌平息。诸如此类头人及其势力，借用茶山的险峻地势而出没不定，以此保存实力，对抗清军的势态极为猖獗。有鉴于茶山成为不法头人及其跟随者的藏身之地，要想顺利惩治讨伐地方恶势力，整治茶山已是迫

在眉睫，势在必行。通过改土归流，剿灭了"窝泥"人，整治了各路欺压"夷人"的不法土司，终于还百姓一个和平安宁的茶山。

（二）通市定府名普洱

在改土归流中设置普洱府，使六大茶山进入了新的历史时期。普洱府位于古西南"夷极边地"，历代未经内附。明洪武十四年（1381）开滇，编隶元江府。明末为那昆所据，顺治十六年（1659）平云南，乃编隶元江府。清雍正七年（1729）以前沿旧制，而后在改土归流中发生了历史性的改变。

身为云南总督的鄂尔泰，在云南推行改土归流的过程中，率兵数次

新修的普洱府城门

出击，深入数千里，无险不搜。激战之后，独霸一方的土司势力大大削弱，于是设置新的行政机构便提到了议事日程。为了巩固改土归流取得的成果，鄂尔泰于雍正七年再次上奏折："东南一带拟将普洱改为府治"。经朝廷批准，即将原元江府改为普洱府，从地理上看六大茶山居普洱之左，在普洱府的辖区内。

（三）建规立册理六山

封建社会的"任土作贡"制度，在清代延续不衰。但就云南省的贡茶，迟至康熙时期尚未制度化。至雍正七年西南地区改土归流后，普洱府辖地内各项事业出现了生机，其中六大茶山茶叶很快便被列入土贡物中，随之制度化。六大茶山茶叶作为土贡供奉朝廷，从清康熙年以少数的进贡起，至清末持续200余年并非一帆风顺。地方加强管理中，注重设定机构、遏制民事纠纷、官员派遣、征贡措施、消弭争斗等多方面努力落实，才有效地保证六大茶山承办贡茶重任的完成。

1. 设总店

设置普洱府后，总督鄂尔泰同意在思茅设总茶店，由通判朱绣负责署理，茶户将茶运至总店，由官方按其数量支付相应的价钱，严禁民间茶叶交易，一经发现治以重罪，全面垄断茶叶的经营。原本六大茶山产茶，向来有商民坐地收购，各贩于普洱，现在官家以商民盘剥生事为由，将新旧商民全数驱逐，对私相买卖者稽查严密，重罪收治。没了商家，茶农在上交茶叶中，距集散地近的，因上交人数众多而需排队等候，甚至当日难以返回，其间守候之辛苦、人役使费繁多，加之交售时轻戥重秤，克扣秤头、压级压价，往往"百斤之价，得半而止"。而对于远道而来的茶农，经月往来中，如前述种种之弊，最后只落得分文未挣，双手空空而归。可知这种管理严重影响茶农与茶商的经济利益，总茶店不久便取消。尽管如此，当初成立茶叶总店的作用，是在于改土归流后，实行官方管理下的一次尝试，强化了茶山接受流官管理的意识。

2. 治弊端

在六大茶山管理贡茶土官的人选问题上，鉴于明代隆庆年间治所设在倚邦的做法，清代征缴贡茶仍由倚邦土官负责，并一直延续到清末。档案中明确记载："思茅厅每年应办贡茶向由潘库请领银一千两，发交倚邦土弁采办运省解京。"

六大茶区在征缴贡茶中常伴随着诸多民事纠纷，甚至是打官司的事件。对此，茶山一些官员尽可能地合情处理。雍正十二年（1734）初，茶山先后发布了禁压买官茶告谕、再禁办茶官弊檄文，这是官吏等人在承办贡茶中，针对出现的诸多弊病而明令禁止的有效举措。例如思茅通判刘永睿承办贡茶中不按时价公平采买，而是多买短价；或假借贡茶为名，实则送礼于院司衙门，或留私用；以低价多买好茶，或强加给地方承办贡茶包装用的箱匣锡瓶等费用，地方又将这笔开支再转嫁在茶户的身上。为杜绝恶劣事端，查办贡茶的巡抚等官员，通过张贴告谕、檄文的形式，及时传递上一级领导的指示。内容分别有贡茶按额定数量毋需多买，并按时价采买，凡文武衙门各官送礼需用普茶的，到茶山的集散市场，以时价尽可采买，严禁地方官依仗亲朋好友的势力强买。凡贡茶之箱瓶匣等包装物，均委派省城承办。同时还特别提出如有不法官役继续违纪，经官

方调查核实，则立毙杖下。为了加大宣传的力度，官方将再禁办茶官弊檄文，印制多份张贴，同时还翻译成"夷文"（当地少数民族文字）告示。通过广泛宣传，以求流官土官各级官员共同遵守。

此外，为保护茶山，还针对兵役们发出了指示。清雍正七年以后，流官管理下的茶山开始相对的安宁，但在承办贡茶中，又出现了新的不良倾向。有的文官官员每岁二三月间，即差兵役入山采取，任意作价强买，再滥派人夫沿途运送，四处贩卖，同时还发生"文官责之以贡茶，武官挟之以生息"而从中获利的事件。而后云贵总督鄂尔泰明确发出"禁止兵役入山"的命令才挡住了兵役们随意踏进茶山的脚步。

至乾隆时期流官进一步责成思茅文武互相稽查，如有官员贩茶图利以及兵役入山滋扰者，许彼此据实禀报，如有徇隐一经查出，照苗疆文武互相稽察例分别议处。正是鄂尔泰的锐利观察和采取得力措施，减少了兵役任意进山索取茶叶的危害，而且对以后茶山免受官兵之扰也提供了可借鉴的经验。

继刘永睿之后采办贡茶的官员陈弘谋，为了不扰累当地茶农，在征贡中竟打破常规之举，宣布"今岁贡茶，本司仰体两院宪恤民德意，将上年买存之茶拣选供应外，仅需补买茶

二百余斤，此外毋需多买"。虽然只是一年的权宜之计，但他缓解了茶农连年疲惫劳作的身心，一定程度上保护了茶农制茶的积极性。

3. 任贤能

普洱府辖区内的六大茶山，常遇自然灾害、内外战争、盗匪劫杀掠夺等诸多不测风云。就这一现状而论，选派茶山的管理者显得尤为重要。在改土归流中，开始了土官与流官同设，后又本着"以土官管土人，以流官管土官"的原则，界定了土、流官各司其职。其中"土官管土人"是极为繁重的任务。当时各茶山寨子及围绕六大茶山的区域内人员众多，管理层上设有土官、土弁、土把总、土千总等多种职务的土官员，他们当中又有品行优劣之分。由于历史原因，其中有些土官，尚属性质顽愚，与民众为敌，与流官管制相抗衡。有鉴于此，云南在改土归流的推进中，总督、巡抚等朝廷命官，在上报皇帝的奏折中，提出"普洱地方辽阔，宜慎选土弁管束，以专责成也"的观点。并在调整土官中，注重综合人品、能力、立场、贡献多寡等因素，尽可能的给予名副其实的官职。涉及管理茶山的人选上，继鄂尔泰之后的云贵总督尹继善在奏疏中提到："查倚邦土弁曹当斋为人诚实，随师剿贼勤劳素著，应将倚邦茶山责令管辖。"六大茶山之后的变化与发展证明尹继善的荐举是明智选择。

曹当斋，是清朝任命地方土官负责管理六大茶山的第一人。他接任管理期间，能够吸引其他省的一些汉人来到六大茶山，在这些汉人与当地"夷民"共同开辟荒芜的茶园过程中，他还传授了汉人先进的种茶技术。他重视修路，交通的改善为上山制茶、交纳贡茶及贩茶，提供了便利，更深层次讲，是富民安邦的锦囊妙计。在多方得力措施的作用下，那时的六大茶山呈现出茶农人数增多，茶园郁郁葱葱的一派生机景象，百姓生活安宁。曹当斋的敬业与功绩，受到朝廷的褒奖。乾隆二年（1737）皇帝颁给他一道敕命，以表彰其制邦有方等。至乾隆三十年（1765），当缅甸军队大举进犯车里、茶山等地，年近七旬的曹当斋带着儿子和军队协同清军作战，终于击退敌军入侵。为此，乾隆三十一年（1766），又晋升他为土守备（五品官职），并赏赐一等功牌等物。曹当斋管理六大茶山的策略与良好的效应，为曹氏家族世袭管理茶山的子孙们树立了样板，也提供了切实可行的丰富经验。

普洱贡茶进宫廷

云南普洱茶作为清廷钦定的贡茶，极大促进茶山老百姓从茶园的养护、采摘到加工技艺、包装、运输等方面的发展。"八色贡茶"使进贡品种从单一走向多样，其品质也愈加优化，曾出现"十万人入山做茶的壮观景象"。直至清朝末年，社会动荡、国家衰落，贡茶也停止了。正如末代皇帝溥仪曾对老舍先生说过的，"普洱茶是皇室成员的宠物，拥有普洱茶是皇室成员显贵的标志"。如今在普洱贡茶基地、云南西双版纳古六大茶山的倚邦、易武等地，还遗留着大量的古茶园、古茶庄、古碑匾、古茶马道等重要的茶历史、茶文化遗迹。这些古代茶山人民留给我们的丰富精神家园，正待我们去抢救、保护、挖掘、传承、弘扬。

进贡茶法

何谓贡，古人的说法就是"任土作贡"，从下献上之称，即将本土所生谷物、异物等献给上面，并成为一种制度（也是确立君臣关系）。"贡"也就是下属对上级、地方对中央的进献，同时也包括异域对中国的贡奉。清代就进贡茶叶而言，有两种名目的进贡茶：一为官方文献中称为"岁进芽茶"或"岁贡芽茶"。正如《普洱府志》中记载："按思茅厅每岁承办贡茶例于藩库铜息项下支银一千二百发採办，并置收茶锡瓶缎匣木箱等费，每年备贡者五斤重团茶三斤重团茶一斤重团茶四两重团茶一两伍钱重团茶又瓶承芽茶蕊茶匣盛茶膏共八色"。文中把云南普洱茶确定为"岁贡"，不仅确定了政府采购贡茶的资金及其来源，同时还确定了品种及包装。二是年例贡或称年节贡，它是在贡单上"进贡"的名目下，与其他一些土特产一起进呈皇宫的。这两种名目的进贡茶，在具体进贡中表现得有所不同。"岁贡"是一旦朝廷确定纳贡，地方每一年必需按时定质、定量缴纳。"例贡"则只是在朝廷特定时候，如大典、大庆时才需额外进贡。

一、岁进与年例

岁进芽茶，是指各产茶区每年按额定数量，以鲜嫩芽叶进呈朝廷。

这类茶叶入贡时间早、数额大，又是朝廷各项用茶的主要供给渠道。所以朝廷为保障按时收缴，对进贡的时间与数量是有严格规定的。顺治初系户部职掌，顺治七年（1650）改属礼部。礼部照会产茶各省布政司，每年谷雨后十日起解，定限日期到部，延缓者参处。

解送贡茶时间，是朝廷根据进贡茶的生长地、进京距离及日行大致里数进行推算而定的，于是在《大清会典》内便有了：江南省常州府限四十六日、庐州府限二十五日、广德州限四十六日、浙江省杭州府限五十二日、湖州府限五十二日、宁波府限六十一日、绍兴府限五十五日等详细的贡期。而云南岁进普洱茶的时间，在清初《大清会典》岁进的内容中尚未提及，至清中期《钦定户部则例》中提到"云南限一百一十天"，这110天运送日期为各省限定日期最长者。其次在岁进芽茶的数量上，朝廷也有明文规定。如江南省岁解芽茶四百八十斤、浙江省岁解芽茶共五百五斤、江西省岁解芽茶共四百五十斤、福建省岁解芽茶共二千三百五十斤等。关于云南岁进数额，目前不能明确它的数字，但根据宫内取用普洱茶，以及其他省岁进的情况，应是数量可观。

年例贡是指每年逢各大节日，宫廷按例举行盛大庆典，其间一些官员、皇亲国戚等人进献各种珍奇异宝、稀有土特产，而贡茶则必在其中。年例贡始于清初，《养吉斋丛录》中记述到："元旦、冬至、万寿庆辰为三大节，天聪以来旧制也"。也就是说在清帝入关前，已对上述三大节举行最为隆重的庆贺。但实际上能与三大节并列出现年例贡的还有上元节、端阳节、中秋节等。年例贡的进贡者，并不是任何官员都有资格当的。从清中期乾隆皇帝圈定的进贡人员名单，可探知进贡的人员分为以下六类：一是宗室亲贵，有亲王、郡王、贝勒；二是中央大员，包括大学士、尚书、左都御史、都统；三是地方大吏，有总督、巡抚、将军、提督；四是织造、盐政；五是致仕大臣；六是衍圣公。具体到贡茶，通常是由地方总督、巡抚、封疆大吏等人将茶叶连同其他贡品进呈宫中。

相对岁进芽茶而言的年例贡茶，在时间与数量上没有严格的规定，品种丰富，现试列表说明之。

表三

序号	贡茶时间	进贡地方官员	贡茶名称	贡茶数量
1	三月二十四日	陕西巡抚秦承恩	吉利茶	九瓶

2	三月二十六日	云贵总督富纲	普洱大茶 普洱中茶 普洱女茶 普洱蕊茶 普洱蕊茶	二十圆 二十圆 五百圆 五百圆 五十瓶
3	三月二十六日	安徽巡抚朱圭	珠兰茶 松萝茶 梅竹茶 银针茶 雀舌茶 涂尖茶	二箱 二箱 二箱 二箱 二箱 二箱
4	四月十二日	浙江巡抚吉庆	天竺芽茶 龙井芽茶	八瓶 五十瓶
5	四月二十二日	江苏巡抚奇丰	阳羡芽茶 碧螺春茶	五十瓶 五十瓶
6	四月二十三日	江西巡抚陈准	永新砖茶 安远茶 庐山茶 芥茶 储茶	一箱 二箱 二箱 二箱 二箱
7	四月二十三日	贵州巡抚冯光熊	普洱大团茶 普洱中团茶 普洱小团茶 普洱蕊茶 普洱芽茶 普洱茶膏	五十圆 五百圆 一千圆 五十瓶 五十瓶 一百匣
8	四月二十四日	云贵总督富纲	普洱大茶 普洱中茶 普洱小茶 普洱女茶 普洱蕊茶 普洱芽茶 普洱茶膏 普洱蕊茶	五十圆 五十圆 二百圆 五百圆 五百圆 五十瓶 五十匣 五十瓶
9	四月二十六日	河东总河李奉翰	碧螺春茶	五十瓶

10	四月二十六日	湖南巡抚姜晟	安化茶 君山茶 界亭茶	五十瓶 二十七瓶 四十五瓶
11	四月二十七日	两江总督书麟	碧螺春茶 银针茶 梅片茶	五十瓶 十瓶 十瓶
12	四月二十八日	湖广总督毕沅	安化茶	一百瓶
13	四月二十八日	安徽巡抚朱圭	松萝茶 银针茶 梅片茶 雀舌茶 珠兰茶	二箱 二箱 二箱 二箱 二箱
14	四月二十九日	云南巡抚费淳	普洱大茶 普洱中茶 普洱小茶 普洱女茶 普洱珠茶 普洱芽茶 普洱蕊茶 普洱茶膏	五十圆 五十圆 一百圆 五百圆 五百圆 五十瓶 五十瓶 五十匣
15	七月二十四日	浙江巡抚吉庆	普陀芽茶	十瓶
16	七月二十五日	贵州巡抚冯光熊	龙里茶 贵定茶	五十瓶 五十瓶
17	七月二十六日	福州将军魁伦	天桂花香茶	一百瓶
18	十二月七日	湖北巡抚陈用敷	珠兰茶 涂尖茶 银针茶 梅片茶 雀舌茶	二箱 二箱 二十瓶 二十瓶 二十瓶
19	十二月十八日	两江总督苏凌阿	珠兰茶	五桶

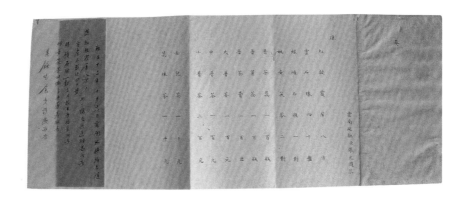

对照岁贡芽茶与年例贡茶的各自特点，后人见到不同时期云南地方官进贡单内的普洱茶的不同品种，有些属于年例贡，特别是雍正七年以前，进贡朝廷的普洱茶，并非是岁贡之茶。

二、征贡措施

清代，云南高度重视征缴贡茶一事，据《普洱府志》中记载："按思茅厅每岁承办贡茶例于藩库铜息项下支银一千两百发采办，并置收茶锡瓶缎匣木箱等费，每年备贡者五斤重团茶三斤重团茶一斤重团茶四两重团茶一两伍钱重团茶又瓶承芽茶蕊茶匣盛茶膏共八色。"文中把云南普洱茶确定为"岁贡"，不仅确定了政府采购贡茶的资金数额及其来源、同时还确定了品种及包装，并不断完善有关事宜。在行政机构上，继总茶叶店后，于雍正十三年（1735）设置思茅厅，它的职能之一是承办贡茶。承办人员中，由时任通判官会同茶区催缴贡茶，如倚邦山的曹当斋，易武土司伍乍虎、伍朝元父子等土官先后协助办理贡茶。为行之有效，还立了《贡典》，令承办官员在征贡茶的各个环节中有法可依，对于出现的问题有章可查。思茅厅内建有《贡案册》，记录了当年完成贡茶的情况，包括承办人、贡茶品种与数量等，为下一年征贡提供了翔实的资料。在经费上动银一千两，由思茅厅领取转发采办，并置办茶锡瓶、缎匣、木箱等。除此外，还针对六大茶山制定管理条例、张贴征贡告示等，或以镌刻石碑的形式普及宣传，力求达到家喻户晓。如负责茶山管理的曹当斋，于乾隆十三年（1748），将云贵总督亲自签署的茶叶管理条例镌刻在石碑上，便于商农随时观看，之后观看者再转告他人，长此以往引导茶农商人遵照执行。与上述不同的是，还有对茶农更具有力度的措施，那就是催征。

催征不独出现在清代，这是自唐以来历代落实贡茶必须触及的问题。根据茶叶生长特点，人们早已认定早采为嫩，所以承办人本着"率以早为贵"的宗旨提前进行催征。以唐朝为例，诗人李郢生动地描写了催缴贡茶的情景。《茶山贡焙歌》云："陵烟触露不停采，管家赤印连帖催。"刘禹锡曰："何况蒙山顾渚春，白泥赤印走风尘。"袁高又有："阴岭芽未吐，使者牒已频。"那些带着盖有印信的催征文书的官员，来到初春料峭的茶园。他们完全秉承朝廷的旨意，只认茶而不顾及茶农的劳苦，是各朝官员固有的催缴模式。

清代六大茶山催征的形式之一，是在茶区张贴催征贡茶的公告。如光绪二十九年（1903）倚邦茶山催交贡茶文书中的主要内容是：明确规定茶山要遵循典章制度办事，即按照思茅厅承办贡茶的历案，应乘时采办；同时强调各个茶山的头目及管茶人等严格照章办事，监督茶民乘时采摘贡品；最后若出现贡茶即期不缴，立即严惩不贷。正是这样内容的公告，向后人展示了倚邦贡茶山征贡的大致情景。农历二月初，正当春茶萌发之际，地方官就开始启动贡茶一事。全茶山中尽采鲜嫩蕊芽、天水茶上交，茶客方许下山。在人力投入上，大体有茶农、管理茶民的各级山头人等，茶户是从事采摘的主力。迫于任务重大，掌控时间最为重要，所以告示中出现"乘时采办，切勿迟延"，"速及收运"，"不得延误"

执照碑

等句子。否则"若即期不缴立即严相比追不贷"。公告是一份主题突出，组织落实严谨、行之有效的文件。像一张无情的法网，将茶农牢牢锁在贡茶园中，直至完成额定的贡茶。像这类征缴的文书，每年在六大茶区初春时节应当是屡见不鲜的。

为确保完成贡额的收缴，地方官又采取增多征贡渠道的措施。对于土贡茶，由于量大、品质要求上乘，如果茶山遭遇特殊的灾难，自然会出现供不应求的被动局面。承办官在征贡

朝廷为表彰倚邦衙门上缴普洱茶有功所赐"福庇西南"匾

中以六大茶山区为主，再在其他辖区内收纳茶叶，以补贡茶之不足。现以一张乾隆五十四年（1789）车里宣慰司发给茶户的一份执照为线索，说明这一事实。

执照是在特殊背景下颁发的。那年这里因缅军入侵而民不聊生，山民纷纷逃难，随即呈现出荒无人烟的局面，就连掌事头目也接踵而亡，茶园无人管理以至荒废。有鉴于此，为了帮纳贡茶，积极招募茶农，才有了这份执照。此地虽非汉人居住地，但因土著人实属稀少，为了贡茶，所以允许汉人在此经营茶等，并颁发执照。

车里宣慰司向茶户颁发的执照，对茶户最具有行政命令。车里宣慰司，在明朝洪武十七年（1384）为车里军民府，十九年（1386）方改为宣慰使司（也称车里宣慰司）。并任命原傣族首领为宣慰司执掌，对其实行羁縻管理。清代雍正六年（1728）以前，车里宣慰司仍统治十二版纳。至雍正七年（1729）始，随着普洱府的成立重新划分行政区，雍正九年（1731）隶属于普洱府，实行土官制（土官管土人）。所以这张"执照"内明确提到"例查汉民不准入境盘踞"，可知车里宣慰司在乾隆初期仍是少数民族居住区，也不属六大茶山缴纳贡茶的区域。但到乾隆三十五年（1770）行政划分再次发生变化，使得各区域之间有了更多的活动交流，对于土人管辖之地也有些解禁。所以曼撒一寨接纳了汉人在此地经营茶叶。执照中对茶户提出诸多的要求，其中就有在《贡典》缺额的情况下，掌事头目要通过向茶户寄饬令，征缴茶叶以完成帮纳贡茶之事。这是典型的扩大征贡的区域，以应急贡额之不足。

工艺特色

加工工艺是保障贡茶优良品质的重要环节。原料、挑选以及工艺，三者各自独立又相互作用，最终完成成品贡茶。六大茶山贡茶的加工自有它与众不同之处。

一、采摘

西双版纳地处云南西南部，气候炎热，雨量充沛，茶树生长快，有大半年的时间可以采茶。面对如此丰富的茶叶资源，为了做好贡茶，六大茶山在采摘茶叶时要遵循五选的原则，即选日子、选时辰、选茶山、选茶丛、选茶枝。

第一，"选日子"：

就是要抓对时机，太早了采的茶香气不足，太晚了茶的灵气又散了，质量欠佳，所以通常是在农历二月起至六七月之间采摘。因采摘的月份不同而区分出不同名目的茶，如二月间采摘的普洱茶谓之"毛尖"，三四月采摘的谓之"小满茶"，六七月采摘者谓之"谷花茶"。与民间采茶时间不同的是，贡茶采摘只选每年清明前的头水春茶。"选日子"的含义中还包括对每一天采茶的要求。凡采茶无论是几月份均要在晴天进行，阴天下雨的时候采的茶叶没有香味，所以要放弃采摘，若久雨初晴后，也要隔一两日再采。

第二，"选时辰"：

是指每天采茶要在彻夜晴朗无云，早起脚踏晨露中采茶为最好，也就是日出前开采，待日出时就要停止。这是因为太阳升起露水已干，茶芽被太阳光照射使其水分消耗，直接影响茶芽的鲜嫩度。

第三，"选茶山"：

就是选茶叶产地，必须海拔1700米以上，高山云雾笼罩，古树密度每亩低于10株，古树周围遍布野花，有蜜蜂群落活动的茶山。

第四，"选茶丛"：

是选土地为红壤带沙石而海拔较高的茶林中当阳的茶树丛林。

第五，"选茶枝"：

是选老茶树上肥嫩健壮的枝芽，必须选茶树上当阳、高大、茂密的茶枝；必须选芽饱满，叶肥大，枝粗壮的茶枝上的茶叶。

五选的原则已经令茶农们费时费力了，但在落实采茶的细节上，还要做到采摘时以指甲而不能用手指进行，因为用指甲掐断茶芽速度快，而用手指揉搓，会有手气和汗迹熏渍，使得茶叶就不新鲜和不洁净了。这虽在清代各个产茶区已是常识，但是遇到云南的普洱茶树时，采茶还需技巧。每日在短暂的晨露时段，采茶人面对的是少说离地也有一二米，有的还是高耸着的茶树，他们必须借助自带梯搭在树芽上攀爬上去，按要求快速采摘，当一棵树不见嫩芽，再攀爬采摘另一棵树，如此反复。他们是在不安全的状态下操作此事，以熟练的技术完成采摘的数量，实属不易。

二、细选

费一番辛苦采摘下的茶叶，马上进行晾晒，行话叫摊凉。之后就要进行细致的挑选。为保证贡茶的品质，茶农们将目光锁定"蕊茶"和"芽茶"。"蕊茶"又称"毛尖"，即茶芽的蕊心。"芽茶"即是"笋状"茶芽。还有一种被称之为"天水芽"的茶叶，这是只选取芽心一缕，它细如银线，是上上等的茶品了。

为获取品质优良的茶叶，茶农们又有了八弃的做法。

第一，弃无芽：丢弃没有芽头的茶叶

第二，弃叶大：丢弃嫩叶太大的茶叶

第三，弃叶小：丢弃嫩叶太小的茶叶

第四，弃芽瘦：丢弃芽头瘦小的茶叶

第五，弃芽曲：丢弃芽头弯曲的茶叶

第六，弃色淡：丢弃嫩叶色泽暗淡的茶叶

第七，弃出食：丢弃芽头炸开的茶叶

第八，弃色紫：丢弃颜色发紫的茶叶

在八弃中除了用手拣选，还借用大簸箕扬茶，只见茶叶被高高抛起，粗细茶叶随之也被分离出来，如此重复直至穷尽毫末。经过一番苦心筛选，采摘的茶叶被分为三等。一等：纯芽头即龙芽凤尖也称盖头；二等：一芽两叶也称尖子；三等：对夹单片叶俗称金天叶也称二梭。

至此，干毛茶的环节基本结束。紧接着采办贡茶的官差与茶山头目，将按品质要求上缴的干毛茶，交由制茶水平高的茶庄精心加工。当地不能加工的品种，则将初制毛茶运至普洱府由贡茶厂精制。

三、精制

任何一种传统商品的形成都是一个从无到有的发展、演变过程，其中包括了在不同历史条件下其品质、工艺、名称、外观等等的多元化变革，所以造成同一物质在不同时期的不同定义。普洱茶的制作从茶树上采摘下来就已开始了一条特殊的工艺路线，这条路线有着自己完整的工艺体系，而整个的体系又都是围绕着最原始的生物发酵技术进行的。与其他茶类不同，普洱茶是通过自身特有的微生物菌种与大自然的"融合"而产生的特殊茶类，是经过漫长的持续后发酵演化的结果。正是由于普洱茶的树种不同、加工工艺不同、特别是其生长环境的不可复制性才造就了它独有的韵味。

贡茶的品种按工艺特点可以分为紧压茶、散茶与茶膏三大类。散茶就是毛尖、蕊茶、水芽等；而紧压茶则是大小茶团、女儿茶、茶饼茶砖。这些不同品相的贡茶，在晒青毛茶到成品茶的过程，都有着精制的加工方法。

（一）散茶制作流程

将经过五选八弃精选出来的鲜叶萎凋、日光杀青、揉捻、日光干燥，再经过细致地分拣为不同等级，如芽、蕊等（通常情况下，以六棵古茶树采得四公斤鲜叶，晒干后得一斤干毛茶）。

（二）八色贡茶之蕊茶

贡单中有蕊茶的记载，蕊茶较芽茶更嫩，是还未成熟地成形的幼芽，主要用于散装。蕊茶作为最精致小巧的茶，是宫内后妃们的最爱。

（三）八色贡茶之芽茶

芽茶是贡茶的主体，年贡茶基本上都是芽茶，这些茶叶进入宫廷后作为宫廷人员日常饮用的主体茶叶品种。在贡单中我们经常可以看到芽茶和蕊茶的记述，这些都是散茶。散茶相对于加工成团或饼的茶，其形状更能保持其原来的特征，散茶作为进贡的主体，是普洱茶闻名天下的主要品种。芽茶是以清明前后采摘的嫩芽经杀青、揉捻、晒干之后的茶品。

（四）紧压茶制作流程

泡芽，先用泉水浸泡漂洗；杀青，用蒸具蒸茶杀青；榨茶，蒸后迅速用冷水冲漂余热冷却，使茶芽保持绿色，然后先用小榨去水，再用大榨榨压，去掉部分茶汁，以减少苦涩之味；研茶，将榨好的茶叶置入瓦盆揉制搓条；压制，将揉搓好的茶叶用布袋装好，再用模具压饼、压团；解饼，将压制自然冷却后的紧压茶从布袋中缓慢剥出，防止紧压茶表面受到破损；晾干，放置簸箕中于申时至酉时间在日光下晾干；包装，将晾干后的紧压茶按要求内包先用纸包好，再用黄竹笋壳叶按数量包扎好待运。

普洱紧压茶的制作工具主要有特制的铜蒸锅、布袋、梭片、精工打

1　对夹叶

2　古时制茶模具（一）

3　五子圆茶压茶石磨（母
模）易武博物馆藏

4　压茶石

5　古时制茶模具（二）
古六大茶山博物馆藏

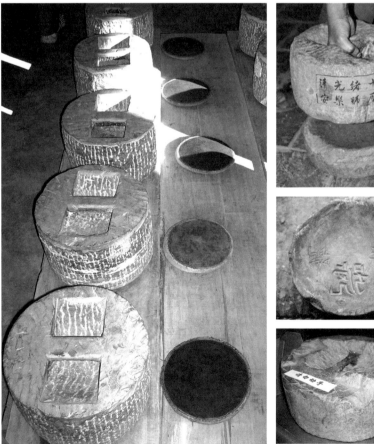

磨过的压茶石，加热产生集中蒸汽和盖实严密的铁锅、锅盖、晾架、竹笋、压茶石鼓、包装纸、笋叶等。操作中使用的木杠杆、棒槌、石鼓、铅饼、推动螺杆等为手工工具。制作过程分装茶、称重、蒸茶、做型、压茶、解茶、晾茶、包茶等工序。一般由多人组成一个加工组，装茶和揉茶的技术要求较高，普洱紧压茶由茶号茶庄专门聘请的加工师傅制作完成。

（五）八色贡茶之团茶

团茶又细分为万寿龙团、金瓜、女儿茶。中国古代制做团茶的历史可以追溯到宋代。北宋蔡襄在福建北苑的贡茶园内制作龙团凤饼进呈给皇帝，风靡一时，成为贡茶品种中的典范。元代，承袭宋代制度，依旧在福建设立御茶园，进贡龙团凤饼。明代立国之初，朱元璋以龙团耗损人力财力为由，"废团茶而兴散茶"，将其撤销，改以散芽茶进贡。鄂尔泰在实行改土归流后，在宁洱地方设立官办贡茶厂，制作各种类型的团茶，"普洱茶成团，有大中小三种。大者一团五斤，如人头式，称人头茶，每年入贡，民间不易得也。"清人吴大勋在《滇南见闻录》中记述团茶："团茶产于普洱府之思茅地方。茶山极广，夷人管业。采摘烘焙，制成团饼，贩卖客商，官为收课，每年土贡，有团有膏。思茅同知承办团饼，大小不一，总以坚重者为细品，轻松者叶粗味薄。其茶能消食理气，去积滞，散风寒，最为有益之物，煎熬饮之，味极浓厚，较他茶为独胜。"此记载不仅讲述了团茶的产地、品种还描述了其独到的品质。英国使者斯当东这样描述团茶："茶叶并非普通散开的茶叶，而是用一种胶水和茶叶混合而制成的球形茶叶。此种茶叶可以长久的保持原来味道，在中国系最贵重之品。这种茶叶出产于云南省，不经常出口外销。"这种最贵重之品就是普洱团茶，普洱贡茶中的五斤重团茶即是贡单中的普洱大茶，三斤重即普洱中茶，一斤重即普洱小茶，这三种茶品的外形是一样的，不同的只是其重量和体型的差异。团茶作为普洱茶进贡的主要原料，入宫后由御茶房再行

蕊茶

加工制作成其他产品。女儿茶也是团茶的一种，即所谓的四两重团茶。《普洱茶记》中记载："大而圆者，名紧压茶；小而圆者，名女儿茶。女儿茶为妇女所采，于雨前得之，即四两重团茶也。"而在《滇南新语》中对女儿茶的描述为："女儿茶亦芽茶之类，取于谷雨后，以一斤至十斤为一团。皆夷女采制，货银以积为奁资，故名。"女儿茶从雨后采摘到雨前采摘这一时间的变化，表明清代宫廷对于茶叶的要求更加细致，雨前采摘的嫩芽更受欢迎。也是在这一时期，大量御贡茶的采摘时间纷纷提前，这既与宫中的要求有关，同时也是贡茶运送时间紧迫的结果，各地方官为了在规定时间内将茶叶运抵京城，不得不提前下手，早作准备，从而也在一定程度上推动了茶叶采摘的时间前提。

团茶以圆形为其主要形制，不同于宋代龙凤团茶的制作工艺，普洱团茶在贡茶制作中摒弃了使茶香损失极大的工序——榨汁，而采用"蒸而成团"的方式制作。制作时将细选后的芽叶用泉水浸泡漂洗以充分保持

次中型普洱茶团
故宫博物院藏

芽叶的原色；再将芽叶控水后置于蒸锅上，以漏刻计时，约半刻（5～7分钟），用冷水迅速冲漂冷却，并置于瓦盆中揉制搓条，以保持茶叶香气；待茶叶条揉搓成形后将茶叶放入簸箕中在申时至酉时间于日光下晾晒至水分自然散失。根据团茶不同形制取足量茶叶放入布袋中并置于蒸锅上以高火蒸之，漏刻计时约半刻（5～7分钟）将茶叶翻转以高火蒸小半刻（3～5分钟）使茶叶充分蒸透；再将布袋收紧，手工压实出规定形状，外以竹篾麻绳缠实拉紧静置半日。待茶叶充分冷却成形后，松开茶叶外缠绕的竹篾或麻绳，手工将茶叶从布袋中细致剥出，根据形制，外包以黄绸或黄竹笋壳待运。

（六）八色贡茶之方茶

方茶呈长方形，形制较为简单，将精选后的毛茶装入蒸筒，置于蒸锅之上；以漏刻计时，约小半刻（3～4分钟）茶叶表面明显黏稠时将蒸筒中的毛茶迅速倒入方形模具中夹牢，再以棒槌均匀敲击模具上侧盖板，使茶叶紧实定型，然后将茶砖从模具中取出，摊晾于茶架上。自然摊晾五至七天，待茶砖中水分充分散失，茶砖干燥紧实后，将茶砖内包以棉纸，外包以黄竹笋壳，置于干燥通风处待运。

（七）八色贡茶之饼茶

也称七子饼，七子饼是紧压茶中的高档产品，其在宋代龙团凤饼的基础上，总结了古茶山"元宝茶"的制作经验，而后形成。七子饼之圆是最美的图形，预示着圆圆满满，符合中国传统的价值观，同时"七"又有多子多福的寓意。

七子饼制作时，将精选后的毛茶装入蒸筒，置于蒸锅之上；以漏刻计时，约小半刻（3～4分钟）茶叶表面明显黏稠时将蒸筒中的毛茶迅速倒入预先准备好的布袋中作成饼形，平置于压茶板上，再以石磨置于其上，人工以顺时针踩转五圈、逆时针踩转五圈使得饼形紧而圆；其饼边缘为泥鳅脊背状为佳，然后将饼静置于石磨下定型；以漏刻计时一刻（约15分

钟），使其自然冷却后，手工细致地将茶饼从布袋中缓慢剥出，防止饼形破损。茶饼取出后摊晾于茶架上，自然摊晾五至七天，待茶饼中水分充分散失，干燥紧实后，将茶饼内包以棉纸，外包以黄竹笋壳，置于干燥通风处待运。

（八）八色贡茶之茶膏

　　茶膏是以大叶普洱茶为原料，经过熬制、压模后做成的茶叶再加工品种。熬制的普洱茶膏，色泽如漆，膏体平滑细腻，表面富有光泽。造型上呈四方倭角形，上表面中心为团寿字，四角隅以蝙蝠纹装饰，图案布

普洱茶膏

能治百病如肚脹受寒用姜湯
發散出汗即愈口破喉顙受熱
疼痛用五分噙口過夜即愈受
暑擦破皮血者擦研敷之即愈

茶膏
故宮博物院藏

局疏密均匀，花纹规整，纹样呈阳文，与茶膏表面形成鲜明的凸凹对比。普洱茶膏在包装上也颇为讲究，以长方形纸盒为主体，外包明黄色缎子，盒盖正面印有红色正龙纹，盒内茶膏上下叠落排列，并以云南当地所产的笋衣为材质，加工成长方条于每层茶膏下做间隔，用于防潮加固，再以长方条笋衣或长方条硬黄绫从纵向做间隔，以防止茶膏相互碰撞。茶膏上面附黄绫说明书，盖上盒盖，将别子插入孔内，与说明书共同呈横向拉力的作用，从而能进一步固定茶膏在盒内的稳定性。如此细致的包装保证了普洱茶膏到达宫廷的时候还是完整的，不至于破碎。普洱茶膏工艺精湛，装饰美观。从现存普洱茶膏的装饰上来看，这些茶膏应该是由皇家专用的。

除了茶膏外表与众不同之外，其功能也有独到之处，现存实物上所附的黄单是从《本草纲目拾遗》中摘抄下来的："延年益寿，如涨肚，受寒，用姜汤发散出汗即愈。口破，喉颡，受热疼痛，用五分噙口，过夜即愈；受暑，擦破皮血者，搽研敷之即愈。"由此可见，普洱茶膏不仅是一种很好的饮品，更是一种必备的养生良药。俄国学者叶·科瓦列夫斯基在《窥视紫禁城》一书中这样描写普洱茶膏，"此外还有一种特制成小方块的紧压茶，非常的昂贵。其汁液苦涩黏稠，可用普洱茶或者是其他的茶熬制而成。其中经常还要加入各种药材，甚至高丽参。咀嚼这种茶可以生津、帮助消化。"

茶膏是以晒青毛茶为原料，经过熬制、压模等多道工序。通常需要100千克干毛茶青，方能制得一千克茶膏。步骤依次为浸泡，用山泉水倒入特制的石缸内，再将挑选好的茶青放入缸内完全浸泡在泉水中，数小时后最大限度地将茶叶的内涵物质泡出；煮，将泡好的水和茶叶放入特制的铜锅内用大火煮沸后小火慢煮一个半时辰，期间反复煮、滤五次，直至茶汤清寡；熬制，将过滤出来的茶汤置于铜锅中用文火熬制三天三夜，期间要不断搅拌，茶汤熬至膏状时火候尤其重要，既有沸腾的感觉又不能起锅底，这个过程致使水分蒸发，直至用竹签检验时成条状形；风干，将熬制好的茶膏倒入事先备好的模具内，自然冷却，使水分得到充分挥发，膏体凝结成形，保证膏体不致在常温下融化。

生态包装

中国古代储存茶叶的历史可以追溯到茶叶诞生之时，当时的人们还不懂得如何保持茶叶的品质，只是简单地将茶叶放置在容器内，这样长时间就会造成茶叶变质或变霉，影响到茶叶的品质。后随着时代的发展，人们开始认识到茶叶储存的重要性，所谓"茶有倦德，畿微是防。如保赤子，云胡不藏。"我们在文献中能清楚地看到古人对茶叶性情的认识及在贮藏方面采取的措施。

迟至明代，《茗笈》中就记载着这样一段话："藏茶宜笋叶而畏香药，喜温燥而忌冷湿。收藏时先用青笋以竹丝编之，置缸四周。焙茶俟冷贮器中，以生炭火焰过，烈日中暴之，令灭，乱差茶中，封固缸口，覆以新砖，直高爽近人处。"从中我们可以看出，古人已经认识到茶叶不可以与具有浓烈香气的花朵药材混置，而用清新的竹叶包装，后放入密封的容器内。此后，随着贡茶制度的兴起，贡茶的包装也日益精美，而且密封性更好。光绪朝《名山县志》中又记载："每贡仙茶正片，贮两银瓶，瓶制方，高四寸二分，宽四寸。陪茶两银瓶，菱角湾茶两银瓶，瓶制圆如花瓶式。颗子茶，大小十八锡瓶。皆盛以木箱，黄签丹印封之。"从中可知，贡茶主要是用银瓶和锡瓶包装，特别是锡瓶，被广泛使用，这主要是因为锡瓶的密封性好，可以长久的保持茶叶的原味。现存的实物也基本上是用锡瓶包装的。

　　清代的贡茶包装基本沿袭了前代贡茶的包装风格，材质以银、锡为主，锡器采用铸、錾等工艺制作出各式各样的花纹图案，主要有龙凤纹、暗八仙纹、八宝纹、水仙纹及花鸟纹等，造型有如意云、花瓶等各式。容器外一般包有黄色的布套或者黄缎套。此外还有一些大的包装盒，将茶叶放置在其中，这些盒也基本上以黄色或明黄色为主，显示出皇家独有的特性。

一、就地取材

　　普洱茶作为我国云南地区优质的茶叶品种，其包装也受到当地独特生活方式的影响，特别是由于其特殊的后发酵及运输的需要，其特别的外包装形式较其他茶类形成了自己独特的包装"文化"。当地竹林茂盛，自然资源十分丰富。当地人们一直利用竹子制做生活用品，而用竹叶包装茶叶则成就了普洱茶独有的魅力。普洱贡茶的包装与其他茶类有所不同，从

古六大茶山龙竹笋壳

现今所存的藏品来看，主要是以竹笋叶包装为主，包括七子饼和茶团等。普洱茶膏包装以硬纸壳为心，外包以明黄色的缎子或绫子。根据茶膏自身的特点，以当地盛产的笋衣裁成长短不一的条状，等距横纵交叉向排列成小方格置于长方盒内，每块小普洱茶膏就叠落在小方格内。一盒内，分几层码放后的茶膏可多达100余块，如此多的茶膏在盒内，因被小方格固定，所以尽管长途运输，茶膏入宫后依然完整无损，表明了这种包装法的合理性。由于普洱茶是一种经过加工的发酵茶，在烘焙的过程中基本上已经将茶叶中的水分蒸出，所以也就保证普洱茶在干燥的环境下不易发霉变质。以竹笋包装可以增加茶叶的清香，口感更佳。清代云南贡茶中以紧压茶居多，分别为团形、饼形、膏状，这些茶均取材笋衣进行包装。大致程序为事先将其加工成方形的片状、搓成粗、细绳状，再根据需要录用。图中七块圆茶饼为一落，俗称七子饼茶。以笋衣为外包装，先整体包装，然后再用竹篾交叉捆绑，使之拴牢。

二、独特包装

云南茶叶的这种包装，不见尊贵的明黄色、无任何花纹的修饰和色彩的渲染，但仍在宫廷众多的贡茶中得以立足。究其原因，是当地造纸业极不发达，人们就地取材用于茶叶的包装，而在长途运输中，龙竹笋衣材质具有防潮、隔雨、透气性能好的功效，还具备良好的柔韧性，易于折叠，且自身散发着淡淡的清香。笋衣的这些特点，成为贡茶在经过长时间的运输后，茶品天然本色依然不变的根本保障。久而久之形成当地包装茶叶的一大特色，至今云南各大产茶区，还采用这种包装法。

三、极佳品质

《普洱府志·卷八》物产篇这样记载："茶味优劣，别之以山，首数曼砖、次倚邦、次易武、次莽枝。其地有茶王树，大数围，土人岁以牲醴祭之。首曼撒，次攸乐，最下则平川产者名坝子茶。此六大茶山之所产也，其余小山甚多，而以蛮松产者为上，大约茶性所宜，总以产红土带

普洱茶圆饼
故宫博物院藏

砂石之阪者多清芬耳。茶之嫩老则又别之，以时二月采者为芽茶，即白毛尖，三四月采者为小满茶，六七月采者为谷花茶，熬膏外则蒸而为饼，有方有圆，圆者为筒子茶，为大团茶，小至四两者为五子圆。拣茶时其叶黄者名金蜷蝶，卷者名疙瘩茶，每岁除采办贡茶外，商贾货之远方。"

　　贡茶不仅提高了古六大茶山茶叶加工的水平，更使她成为茶人心目中普洱茶的朝圣之地，为古茶山打下了厚重的茶文化烙印。普洱茶是中国茶叶中一个极为特殊的品种。我们说它特殊，其中一个主要原因，是这种茶所依赖的茶树品种与资源唯中国独有，而在中国则只有云南独享。这与我们平日接触到的绿茶、红茶、乌龙茶不同。这些茶不仅中国有，越南、日本、马来西亚、印度、斯里兰卡、肯尼亚等一些国家和地区都在生产。而普洱茶则不同，有着极强的地域性，是云南的唯一，中国的唯一，当然也是世界的唯一。

我们这里强调的唯一更多的是涉及茶树品种与资源的唯一性，独特工艺的唯一性，陈化过程的唯一性，特殊功效的唯一性。这些唯一性构成了普洱茶的"四奇"。

因此，有一点也许是你未知的，当你手捧一杯普洱茶品饮时，你在享受它的香气、汤色及特有的口感之余，另一种价值已经悄悄渗透到你的肌体，长期饮用，体内慢慢发生一些改善。这种观点立论的依据源于饮用后的感受。我相信总有一天科学家们对"普洱茶"功效的研究会证实解开"普洱茶"基因的密码。否则，上千年的树叶至今依然可作为人们的健康饮品又作何解释呢？

千里运送

贡茶的运输，从六大茶山采摘，进入仓库时，实际就已开始。在本山仓库收集整理完毕后，从倚邦、易武乡到景洪专运有535华里至思茅厅、再集中于普洱府（现宁洱）。此时贡茶的征集整理完成，同时也标志着贡茶完成了第一次重要的运输，开始了漫长的贡茶艰辛旅程，进入昆明。从普洱到昆明的路线是从宁洱县城出发，其沿途经过16站到达云南省

茶马古道线路图
（何文天绘）

城昆明，全长九百四十里。普洱府在省西南九百四十里是也，按云南程限自滇阳驿至宁洱县止计程九百五十里，崎岖山路原来没有驿站，照云南定限日行四百八十里，计限一日十一时六刻，此云九百五十里者，以由他郎旧路合并故也。关于运送时间，户部有明确的规定，如（云南地方）"解员事后由部颁照，任限照正印解员引见后填给，云南限一百一十天"，照这样计算，大约每天要走六十里左右。由于一年要进贡数次，地方官不得不投入大量的人力物力来满足宫廷的需要。清人陈弘谋在其《培远堂偶存稿》中的记述从一个侧面反映了贡茶事务已经成为当地官员和百姓的一个沉重负担。而朝廷把这些地方贡茶的运输当作地方官一项重要的政绩来考核，最终受苦的是当地的百姓。

虽然路途遥远，运输艰难，但朝廷规定："凡解纳，顺治初，定直省起解本折物料，守道、布政使差委廉干官填付堪合，水路拨夫，限程押运到京。" 驿站承担了清代物资运输的大部，茶叶运输也不例外。拨夫是指挑担或推船的工人。到京以后，"解员事竣，由部给领司，任限照正印解员于引见后填给，经杂解员于发实后填给。" 严格的程序对地方官运送贡茶提出了更高的要求。使得各地官员想尽一切办法，通过各种手段将茶叶在规定的时间内运到京城。

一、茶山到普洱

普洱贡茶从古六大茶山运送到普洱，要经过一条非常艰难的小道，也就是被称为"茶庵鸟道"的驿道。关于这条道路清代宁洱的贡生舒熙盛曾经有一首诗《茶庵鸟道》来描述此路的艰难。诗曰：

崎岖鸟道锁雄边，一路青云直上天。

木叶轻风猿穴外，藤花细雨马蹄前。

山坡晓度荒村月，石栈春含野墅烟。

指顾中原从此去，莺声催送祖生鞭。

1　茶马古道上与茶有关的石刻遗存（一）

2　茶马古道上与茶有关的石刻遗存（二）

3　茶马古道上与茶有关的石刻遗存（三）

　　千百年来，祖国内地与边疆就存在着汉族与各少数民族交往的古老通道。古道绵延上千公里，纵横交错、分布甚广，其中的滇藏茶马古道已有一千多年的历史。其路线为：西双版纳州（倚邦、易武乡、景洪）向西北行，途经曼乃—曼拱—倚邦—补冈—补远—勐班—高酒房—黄草坝达，计七站五百三十五里至思茅、宁洱。这是六大茶山通往思茅、宁洱的主要通道。清雍正十三年（1735）思茅设驿承专开此道，普洱府向清朝廷上贡的茶就从这条驿道运出。茶马古道这条用古六大茶山人民汗水、血泪铺就

的通商之路，不仅为后人留下了宝贵的古迹文化，同时还留下了可歌可泣
的动人传说和故事……

二、宁洱到昆明

表四

起始站名	至下站里程（里）
宁洱县	45
磨黑	45
上把边	50
通关	60
瞻鲁坪	60
他郎	65
火歇厂	90
元江州	60
青龙厂	70
杨武灞	50
罗吕乡	75
峨县	60
新兴州	60
钱炉关	60
晋宁州	50
贡县	40
省城（昆明）	
总计	940

贡茶进入昆明后，由地方官员最后进行勘验，以确定数量和质量都达标，便开始踏上入京征程，从茶山至京城全程七千三百七十里。若按纳贡期限要求110天必须入京计算、马帮每天需行走六十七里。（六大茶山至宁洱五百三十五里、宁洱至省城昆明九百四十里、昆明至京五千八百九十五里、总计：七千三百七十里）

三、昆明到北京

如此遥远的路途，根据当时的运输方式，可采取陆路，也可采取水路。相比较而言，水路运输快捷些。启程以后沿长江顺流而下，然后转到大运河，以漕运的方式将其运至京师。道光年间，学者曾经详细记述了从昆明到北京的运输路线，不妨抄录于下：

云南境内路线：起始站为昆明，行走四十里至板桥，从板桥行六十里至杨林驿，再行七十五里至易隆驿，在河口打尖，九十五里后至马龙州，茶马古道七十五里至沾益州，八十五里至来远铺，九十五里至宣威州，八十五里到达倘城，在石了口打尖。

贵州境内路线：贵州境内的第一站是菁头铺，前行八十里抵达咸宁州，八十里到达横水塘，六十里到齐家湾，七十里到牛混塘，在野马川打尖，行五十里到山高铺，四十里到毕节县，四十里到白岩，五十里到判官脑。

四川境内路线：四川的第一站是魔泥，行五十里到达永宁县，从永宁行八十里到达江门，经过二百四十里水路可达泸州，泸州到合江县路程四十里，从合江县行一百八十里到达江津县，前行一百七十里到巴县，后依次为一百八十里到达长寿县，一百八十里到暗州，一百二十里到郢都县，一百六十里到忠州，一百二十里到万县，一百八十里到云阳县，一百八十里到夔府（奉节县），一百八十里到巫山县，一百八十里到巴东县。四川境内多水路，水流湍急，道路崎岖，为一段非常难走的路线，重量较重的运铜船往往在此地发生事故。所以贡茶有时会绕开水路，而从陆路进发。

湖北境内路线：进入湖北的第一站是归州，前行九十里到达宜昌府的东湖县，经二百四十里到达宜都县，行九十里到江枝县，再行九十里到达送子县，前行六十里到达荆州府的江陵县，从荆州到石首县一百八十里，再行一百八十里到达嘉鱼县，从嘉鱼县行二百四十里到达汉阳府，从汉阳府到黄州府的黄冈县一百八十里，从黄冈县到蕲州府一百八十里。

江西境内路线：从蕲州府行一百八十里到达江西境内的九江府德化县，前行六十里到达湖口县，从湖口县到彭泽县六十里。

江南省、安徽省境内路线（江南省在清代包括江苏、上海及部分浙江地区）：第一站为池州府的东流县，其余依次为九十里到达安庆府怀宁县，九十里抵达铜陵县，九十里抵达太平府的繁昌县，九十里抵达芜湖府，九十里到达当涂县，经过一百三十里到达江宁县，六十里到达仪征县，途中经过燕子矶等处，从仪征县行七十里到达扬州府江都县，一百二十里到达高邮县，一百二十里到达宝应县，一百二十里到达淮安府的山阳县，前行九十里到达清河县，二百里到达徐州府宿迁县，一百三十里到达邳县，经河城关行二十里到达清河关，二十里到达梁山城门，二十里到皇陵庄。此段路线经过安徽和江南的各地，相对路线较为平坦，没有太多的急流和崎岖山路，一定程度上保证了贡茶的运抵时间。

山东境内路线：第一站是与江南省交界的台儿庄，二十里到达侯县，八里到顿庄，七里到丁庙门，二十里到万年门，五十里到张庄，十里到琉璃门，五十里到韩庄，五十里到张阿门，二十五里到滕沛门，二十里到滕县，一百三十里到沛县，经一百三十里到达鱼台县，七十里到济宁州，八十里到巨野县，七十六里到兖州府嘉祥县，三十八里到南旺庄，行五里到达汶上县，四十三里到东平县，八十二里到张寿县，三十七里到阳谷县，二十里到东平府聊城县境内，七十里到临清州，一百四十里到武城县，一百里到故城县，一百五十里到德州，从德州行七十二里到达直隶省的东光县。

直隶境内的路线：直隶境内的第一站是东光县，前行七十里到达天津府南皮县，行七十里到沧州，一百里到达青县，七十里到静海县，一百一十里到天津县，八十八里到武清县，一百四十里到通州，四十里到北京的东便门。全程七千三百七十里，真可谓是百里古茶千里贡。普洱贡茶到达京师后，由礼部接收，通常由内务府广储司下属六库之一的茶库收讫。

四、茶库的管理

清宫茶库是广储司下属的六库之一，位于紫禁城右翼门内西配房、太和门内西偏南向配房、中左门内东偏配房。云南六大茶山的贡茶，千里迢迢的进呈宫廷，将品种、数量登记账册后，最后存放于茶库内。茶库内主要保管来自各地进贡的茶叶、人参、香、颜料、绒线等物。这实际是皇家仓库之重地，所以历朝不断完善对其的严格管理。在人员配备上，是本着"勤慎"的用人宗旨而挑选的。分别设有员外郎、领催、库使、汉字笔帖士，在汉字笔帖士中又增设委署无品级司库，以专办本库档案、催总等人。除这些基层人员外，朝廷还要派几种管理人员。派六部人员监管，并规定："六部人员监管六库者，定限三年更换一次。"再有"每年于内务府奏派一二人，并与稽查内务府二人中，轮派一人直年管理六库事物"。还要派选员外郎，对选拔的人数、来源与落实等方面，朝廷有明文的规定。《大清会典事例》中载："茶库员外郎三人，（内一人由兵部保送兼摄）"。如乾隆五十三年（1788）："今兼摄茶库行走之兵部员外郎五十三升任礼部郎中，应另由兵部保送一员预备。"凡由兵部派选的茶库员外郎在即将上任前，是要经过有关官员领引到皇帝面前，经过目后而酌定。尽管如此，还要再接受内务府派遣官员的随时稽查，以确保茶库的安全。可见，茶库人员编制多种，各司其职。其最高官员由皇帝审核而定，并非一般官员可为。而所有这一切，皆因茶库实属"重库务"而使然。

能与茶库配备层层管理人员相提并论的，是它严格的门禁制度。每次开库时，需有四人共同进入。如果夜间临时入库，也要保证三人共同入内。每次开库用毕的钥匙，由库使二人当晚交到乾清门值宿侍卫，次日用时再由库使二人领取。大门上锁后必要上封条，即宫中说的"封库"，之后交守库值宿护军校等看守，次日开库前，由库官验看封条，确保无人启闭方准开锁。

再有就是清查制度。关于这项工作的进行，从雍正时期执行"五年一次派人盘查六库"，届时派遣要职官员或皇帝亲信。以乾隆三十二年二月为例，"旨派八阿哥、克勤郡王雅朗阿、户部尚书巴彦三、礼部尚书常青、礼部侍郎玛兴阿"等参与。每五年进行的六库清查，沿至清末不变。在清查中，清查官员依茶库内备有的《茶库黄册》《蓝册》等账本，针对登记册的原存数目、经清点后再按类别登记现存物品的数字。经过阶段性的清查，茶库能够确保储物安全、分类有序，进出物品有据可查，更为贡品收支提供了可靠的数据。当朝皇帝也就是根据清查后奏报的情况，下旨各省进土贡物时或增、或减、或暂停进贡。具体到普洱茶，在皇帝的旨意中也提出过不同的要求。乾隆五十七年五月初二日，有鉴于各省呈进方物为数过多，且有并非本省应进之物和土物不适用的情况，饬令分别停进、核减。其中对云贵总督所进普洱大茶一百元（圆），拟减半进；普洱中茶一百元（圆），拟减半进；普洱小茶四百元（圆），拟减半进；普洱女茶一千元（圆），拟减半进；普洱蕊茶一千元（圆），拟减半进；普洱芽

1　清代宫廷御茶房原址
2　清代宫廷茶库及偏房原址

1
———
2

茶一百瓶，拟减半进；普洱蕊茶一百瓶，拟减半进；普洱茶膏一百匣，拟减半进。无独有偶，清晚期也因宫内普洱茶过剩，在官员上的奏折中，皇帝下旨将多余的普洱茶拿到北京崇文门处变卖。但当茶库内储存量不足甚至出现短缺的现象时，皇帝也会及时下旨要求进呈。最为典型的是咸丰年间，出现了库存为数较少的情况，而云南应进普洱茶于咸丰七年、八年又因故而暂行停解。对此，有关大臣向皇帝奏报：惟此项贡茶系供奉内廷之用，必须预为筹备。经皇帝朱批准予后，地方官赶紧照例呈进，不敢有半点耽延。

从上可知，土贡品普洱茶从千里迢迢进呈皇宫后，并非是沉睡在茶库内，而是在皇家茶库严格的管理下，根据皇室的需要或取用、或减贡，以至于变价处理。当然，每岁进贡大量的茶叶供皇家取用为常态，其余则属偶然。

清宫普洱

清代皇帝对于茶叶并不陌生。他们早期的先民们在日常饮用时喝乳，实际上喝的是乳茶，也称之为奶子茶。入主中原后，朝廷通过岁贡茶、年例贡茶的渠道，获得品种多样、数量可观的上乘佳茗，普洱茶就在其中。在清宫的奏销档中，若遇有地方官上奏将土贡折成银两折时，皇帝会根据茶库储存的实情给予批复，或折银两缴纳，或必须完成土贡——"岁进芽茶"。以咸丰十年（1860）为例，在批复云贵总督将土贡折成银两折时，有关官员鉴于库内存储的普洱茶很少了，所以提出：唯此一项贡茶系供奉内廷之用。咸丰采纳了大臣的建议，批复按时土贡普洱茶。在奏折中提出的内廷之用，道出此茶在宫廷中是不可或缺的。依据皇家近三百年的生活情节，归纳其用途主要有几方面。

一、御盏普洱

日常饮茶是以补充人体所需水分为目的。宫廷日常饮茶向例是有份额的，但实际上皇帝例外。皇帝不受时间、数量限制，随时可传太监取茶而饮。有时皇太后、皇后也会临时传太监领茶，以满足饮用。嘉庆时期，"皇太后每日用普洱茶一两，一月用一斤十四两，一年用二十二斤八两。"又如清晚期光绪十八年二月初一至十九年二月初一为例："皇上用普洱茶，每日用一两五钱，一个月共用二斤十三两，一年共用普洱茶三十三斤十二两"。

与上述皇帝等相比，宫眷等人用茶就不那么富有了，他们各有自己的份额。清朝官方编撰的《国朝宫室》与《国朝宫室续编》中明确记载：每月皇后、皇贵妃、贵妃六安茶叶十四两，天池茶叶八两。每月嫔、贵人六安茶七两，天池茶叶四两。从供给的数量上看，已能够满足后妃们的日常饮用了。但这也不妨碍后妃们享用普洱茶，遇节令后妃们会收到皇帝赏赐的礼物，其中就有一定数量的普洱茶。如"乾隆五十一年端阳节，赐妃嫔等位、十公主大普洱茶六个，女儿茶三十个。"又如"嘉庆二十五年端阳节之例，进皇太后、诚禧皇贵妃等位大普洱茶八个，女儿茶五十个。"在皇帝的赏赐中，皇后、妃嫔以及皇子、亲王等人会得到一定数量的普洱茶，因而也为他们日常饮茶增添了品种。

二、赏赐贵物

进贡与赏赐如同一对孪生兄弟，不可分离。有进就有赏，在这个问题上乾隆帝说得很明白。接受年例贡的土贡物，诸如果品、茶叶、麦面、药材、扇、香、葛等这些当地的土产物，准其照例呈进，主要是因为这些贡物是备荐新与颁赏之用。其中以普洱茶行赏，是历朝皇帝手中的得意赐物。具体到宫里的颁赏活动，在形式、受赏人员上都有一定规制。

年例行赏，是指清宫遇大小节日，诸如冬至日、元旦（春节）万寿节（皇帝生日）端午节等日皇帝的赏赐。

受赏的人一为家眷，皇亲等人，如皇太后、后妃们会得到皇帝赏给的普洱茶。还有皇子、公主、亲王等人也照例能得到赏赐。如乾隆十三年正月，正值春节，皇帝赏公主、格格等用普洱芽茶二十瓶。乾隆五十一年临近端阳节，赐十公主，大普洱茶六个、女儿茶三十个。嘉庆二十五年赏醇亲王、端亲王、惠郡王、大阿哥绵悌普洱茶吃，每位一月用六两，一年共用二十二斤八两。

二是赏臣下。皇帝赐茶的人群中，官员成为主要的受赏者。康熙五十七年，西征将军富宁安上了一道奏折，折内深情地说：主子所赏恩茶（膏），满蒙绿营大臣、官员、以至众军士，普施圣主之恩。所赏茶叶（膏），取指甲般大小熬之，则成一锅茶，品尝之，味美气香，色甚浓，携带远行甚便利，俟众官兵来年进兵时，乞请圣主再赏些茶糕子。等语。将军富宁安以主子所赏茶糕子，为便于携带，俟来年进兵时，复请微赏一事，若来年进兵，另赏赐之处，具奏。将军富宁安上的奏折，是在传递身在边疆准备迎战的将士们的心声，他们因喝了极珍奇的普洱茶膏，感受到它的奇妙，难以忘怀地请求战事来临时再得到一些赏赐。

雍正元年六月初三，都统席勒图奏报官兵谢赏。奴才席勒图谨奏：为奏文谢恩事。窃奴才来时，圣主赏给一匣茶糕（膏）。谕曰：席勒图你将此茶糕赏给官兵，气时饮之极好，钦此钦遵。将茶糕带至军营，奴才亲自监督均分赏给京城、西宁满洲官兵及西宁绿旗官兵。官兵跪领言曰：我等贱奴，别说食此茶糕，见亦没见过。圣主隆恩，我等卑微之奴何能承领，之语，欢乐不尽，叩谢圣恩。为此闻奏。都统席勒图的奏折仍是感恩皇帝赏的普洱茶膏。

三是赏外藩部落首领。外藩地处西北，游牧诸部所食膻酪甚肥腻，则恃以茶为命。非此物无以清肠胃。"我朝尤以为抚驭之资，喀尔喀及蒙古回部无不仰给焉。"所以在下嫁蒙古的公主、外藩进贡使者到京时，皇帝都会赏赐大量的茶叶，其中普洱茶是少不了的。如乾隆四十五年正月，赏蒙古王公等普洱茶三十九瓶。嘉庆二十五年六月十四日，赏蒲珠巴咱尔用普洱茶四瓶。六月二十七日，赏玛哈巴拉用普洱芽茶二瓶。

皇帝除年例赏外，还有临时赏赐。所谓临时赏，是指不按惯例，遇有机会随时行赏。这类的赏，除有些是官员，更多的是不分职务高低，仅对宫内当时做事人员的赐予。乾隆时期，在正大光明殿赏庶吉士等人清茶吃，用普洱茶二两七钱。又赏月华门该班侍卫等普洱茶吃，每月用二两。

嘉庆时期，在正大光明殿赏考试宗室人等普洱茶吃，用普洱茶四两。在保和殿赏考试差人等二百四十三名普洱茶吃，每名一钱，共用普洱茶一斤八两三钱。又有赏听戏王子及蒙古王子普洱芽茶五十九瓶、普洱蕊茶五十八瓶；赏如意馆画画人等普洱茶吃，每月用二斤八两，一年共用三十斤。皇帝的临时赏，并非年年都有，只是偶然行赏。但从受赏者来看，虽临时应宫中差事偶得宫内的普洱茶，不失为是件幸事。

皇帝赏赐普洱茶是根据受赏者的身份而酌定受赏的数量。后妃、王公大臣等人一年数次受赏，每次数量可观；临时入京的蒙古王公等，会在有限的时间得到一定量的普洱茶；对于在皇家机构中服务的一些人，赏茶时有以年为单位而得；剩下那些临时为宫中办差的人，得到皇帝赏普洱茶的机会与数量极少。皇帝赏普洱茶的诸多内容举不胜举。而从乾隆初期始，宫内因赏赐为目的取用的普洱茶，呈现出用量大、品种多、受益人多的特点。

皇帝的颁赏中，还有对外国使臣的。清廷对外国本着怀柔远人的外交政策，以厚往薄来为宗旨，对于远道而来的藩属国或西洋国，对其国王、使者们，都给予丰厚的礼物。现以清中期为例。乾隆五十四年（1789），清朝的藩属国安南国（今越南）贡使赴热河，乾隆多次加赏其国王，其赐物中的普洱茶分别是：大普洱茶团、小普洱茶团、普洱散茶、普洱茶膏，同时也加赏正、副使大小普洱茶茶团、普洱茶膏等。乾隆五十五年（1790），安南国王率世子陪臣亲诣阙廷，乾隆又赐该国王茶叶六瓶，大团茶二。同年八月，在圆明园赐国王十四次，初次赏普洱茶团一，茶叶二瓶……陪臣六员，赏凡十次，初次茶叶各二瓶，茶膏各一盒。乾隆五十八年，缅甸国王遣使祝贺，特赐国王茶叶十瓶。正使茶叶六瓶，茶膏二匣，大普洱茶团二个。副使二员，茶叶各四瓶，茶膏各一盒，小普洱茶团各十个。尤为特别的是乾隆五十七年（1792），英国为叩开中国市场的大门，力求得到一块地方或岛屿，作为英商货栈之用，因此以祝贺乾隆八十三岁寿辰为名，派出强大阵容的使团来华。英国使团特定曾任驻俄大使及任玛德拉丝省长的马嘎尔尼勋爵（George Viscount Macartner）为正使，斯当东爵士（Sir George Leonard Staunton）为秘书（即副使）。使团乘坐"雄狮"号，并有专门装载礼品的"印度斯坦"号，随航还有"雅荷尔"号。一行队伍人员庞大，携带丰厚礼品而来。乾隆对首次来华的英国使团有感而发地说道："该贡使航海远来，初次观光上国，非缅甸、安南等处频年入贡者可比。梁肯堂、征瑞各宜妥为照料，不可过于简略，致为外人所轻。"先后对英国国王、使团正使、副使、副使之子以及总兵官、听事官、管船官、奏乐人、家人杂役、天文生、总兵贡物官、将役等近百人给予厚赏。赏赐的礼品包括瓷器、玉器、丝绸、字画等多种。涉及茶叶，在赏赐的清单中有如下内容：

酌拟加赏英吉利国王：普洱茶四十团，武夷茶十瓶，六安茶十瓶，茶膏五匣。

拟随敕书赏英吉利国王：普洱茶四十团，武夷茶十瓶，六安茶十瓶，茶膏五匣。

酌拟赏英吉利国正使：茶叶二大瓶，砖茶二块，大普洱茶二个，茶膏二匣。

酌拟加赏英吉利国正使：普洱茶八团，六安茶八瓶，茶膏二匣。

酌拟赏英吉利国副使：茶叶四小瓶，女儿茶十个，砖茶二块，茶膏一匣。

酌拟加赏英吉利国副使：普洱茶四团，六安茶四瓶，茶膏一匣。

赏副使之子多马·斯当东：茶叶二瓶，砖茶二块，女儿茶八个，茶膏一匣。

赏英吉利国贡使带赴热河官役总兵官本生，副总兵官巴尔施二名：茶叶各三瓶，砖茶各二块，女儿茶各八个，茶膏各一瓶。

拟加赏总兵官本生、通事娄门等四名：茶叶各二瓶，普洱茶各二团，砖茶各二块。

英国的使臣对受赏得到的茶叶，可谓是满心欢喜。因为早在1657年，英国知名商业贸易中心交易街上，新开张了一个托马斯·加韦咖啡馆。这里除供应咖啡，还供应淡啤酒、果酒、白兰地等酒，同时也供应中国的热茶。并宣传说"喝下足量的茶，可以诱导轻微呕吐，上下通气，达到治疗疟疾、过食、高烧的目的。"1658年，伦敦的《水星政治报》首次刊登了回教王妃咖啡馆的售茶广告。当时药房也销售茶，可见在英国人眼中茶是一味汤药。由于这些宣传还直接导致了医学界开始饮茶利弊的争论。一派持茶为包治百病的灵丹妙药的观点，另一派则视为来自异域的毒草，对人体健康百害而无一利。前者例举了茶能治头痛感冒、胆结石、眼疾、哮喘、胃肠不适等各种疾病。后者则提出喝茶短寿，对过了不惑之年的人来说更是如此。在反对派中还有一个典型的例子。英国的约翰·卫斯理在嗜茶如命之后，曾坚信他手颤的疾病是喝茶引起的，于是痛下决心戒茶。但是12年后，在医生的建议下他又恢复了喝茶的习惯。到了18世纪，英国人已经举国风靡饮茶。此时在乾隆帝这获得如此多的品种不一、数量较多的茶叶，自然是如获至宝，而各种普洱茶也会让他们感受到与众茶不一样的功效。

就是这样，宫内相当数量的各种普洱茶随着皇帝的意愿，年复一年地出现在后妃、臣子、蒙古王公等人的茶盏中。这赐物转化为"皇恩浩荡"，让臣子们叩谢天恩，不胜感激，也让他们产生了不负皇上拔举，以报万一的感激之情，并以此为人生中莫大的荣耀。而皇帝也达到联络君臣感情的目的。小小的普洱茶也走出宫门，越过国境让异域人得以饮用和享受。

应该说赏赐使得普通的茶品增加了功能，因为它承载着当年清宫的一些生活内幕、特殊活动和外交往来。就这一点而言，清贡品普洱茶的历史价值与饮用价值同样耐人寻味。

三、庙堂供物

祭祀活动，是人们向神、向祖先致敬和献礼的过程，在敬神的同时也祈求神的庇护，因而历代统治者极为重视这一活动，并根据本朝的需要而制定各种祭祀内容。关于统治者祭祀中用茶，最早见于《南齐书·礼制》："永明九年，诏太庙四时祭，荐宣帝面起饼、鸭臐；孝皇后荐笋、鸭卵、脯酱、炙白肉；高皇帝荐肉脍、菹羹；昭皇后荐茗米册炙鱼；并生乎所嗜也。"此后，皇家祭太庙时取茗为供品的做法历代相沿。所不同的是有清一代，朝廷举行的祭祀内容为祭天、地、日、月、山川、河流、先祖、先帝；尤其是清统治者信奉萨满教，其教义万物有神。所以每年祭祀名目繁多，祭祀活动不断，一些祭祀活动中要用到茶叶。《清会典》中载："康熙十二年（1673）题准，荐新芽茶务遵期赴部，如有玩延，将督抚布政司一并参处。"有关荐新芽茶的摆放地点，现以紫禁城景运门外东边的奉先殿为例。这是始于明代皇家在紫禁城内为自己建起的一座家庙。明清每遇重大节日时，朝廷就会在奉先殿前殿举行大祭，而遇祖先列圣列后诞辰、忌辰之日以及元宵、清明、中元等节，或上徽号、册立、册封、谒陵、巡狩、回銮等重大活动，皇帝也会在后殿告祭祖先。因此这里终年香火旺盛，专用于荐新的小小芽茶同其他丰富的祭品，伴着香炉泛出阵阵飘渺的烟雾，承载着当朝帝后的祈祷意愿，一次一次地完成了与"神"的交往。

祭祀中向先帝择普洱茶上供之举，最为典型的是在寿皇殿与安佑宫。寿皇殿地处现北京景山公园内，原址在景山东北部，乾隆时期进行改建，将其移置景山中峰正北处。这里是明清两代皇帝停灵、存放遗像和祭祖之所，即为"神御殿"。清代，此殿大开间九间内供奉着已故皇帝及后妃的御容。御容像前摆放的供品终年不断，有时选用普洱上供，这一现象

清朝寿皇殿内景
当年普洱茶就在供桌上

主要在乾隆与嘉庆时期。如乾隆十二年七月二十一日至十五年七月二十一日，寿皇殿中龛上供每日用普洱茶五钱，东龛上供每日用普洱茶五钱。嘉庆二十五年寿皇殿中龛每日上供用普洱茶三钱，一月用九两，一年用六斤十二两；东龛每日上供用普洱茶，三钱，一月用九两，一年共用六斤十二两；西龛每日上供用普洱茶三钱，一月用九两，一年用六斤十二两。

鸿宁永祐，又名安佑宫，位于圆明园内西北部，乾隆初期循景山寿皇殿而建，正殿为黄色琉璃瓦重檐歇山顶，其建筑规模气势宏伟。殿内同样供奉先帝御容像，但与寿皇殿不同的是，安佑宫只有圣祖仁皇帝（康熙）世宗宪皇帝（雍正）的御容像。按皇家的一贯做法，景山寿皇殿除供奉列祖列宗遗容外，每到除夕、元旦还要供奉列后遗容，以一同瞻拜，而此处却未及列后祭拜事宜。这一现象或许是在乾隆心目中将此殿堂当作他心灵深处与仙逝的爷爷、父亲之间对话的私密空间之故。嘉庆皇帝在此殿内的活动紧步其父乾隆的后尘。每岁，凡皇帝在圆明园内驻园，遇上元节（正月十五）中元节（七月十五）清明、皇帝本人生日及先皇诞辰、忌日等日，至安佑宫焚香祭拜。就在这香火缭绕的神圣之地，皇帝用心挑选的供物有茶叶，而且是普洱茶。以乾隆十二年七月二十一日至十五年七月二十一日为例，安佑宫中龛上供每日用普洱茶五钱，东龛上供每日用普洱茶五钱。嘉庆二十五年安佑宫中龛上供每日用普洱茶三钱，一月用九两，一年共用六斤十二两；东龛每日上供普洱茶三钱，一月用九两，一年共用六斤十二两；西龛每日上供普洱茶三钱，一月用九两，一年共用六斤十二两。从文字记录中发现，乾隆时期仅有中、东两龛，而嘉庆时期又多了一个西龛，当是乾隆的龛位，龛前也照例供奉普洱茶。乾隆、嘉庆两朝皇帝在御容前以普洱茶上供不辍，茶品又是以"日"为单位换新去陈，此时普洱茶的用途非一般茶叶可比拟。

四、佛茶之缘

佛与茶有着不解之缘。佛教作为一种外来的文化在华夏大地上生根、开花，但修行者的日常局外人难以体会。最初信奉佛教的禅僧们每日坐禅，需要醒脑提神、破睡，而茶叶如同一剂良药，饮用后醒脑提神，使他们能够很好地坐禅入境，专心修行。有鉴于此，迟至晋代的佛门寺院内僧人们种茶树的数量有增无减，且不乏善于种树、加工茶叶的高手，并有名寺出名茶之说。于是佛门中从制茶到饮茶的两大环节，不断的良性循环，遂促成僧人们竞相饮茶的风气，此后禅门中的高僧们茶茗日不离口，成为生活中的一大习惯。事实上传入中国佛教的印度本不产茶，僧人们是苦行僧。而到了中国，佛徒们高举释迦牟尼的大旗，却向儒、道靠拢，以本土的文化进行了改良，其结果佛门皆许饮茶，美其名曰"茶禅"。时至今日，售茶货架上的宣传画上，就赫然标有"禅茶一味"四字。即是如此，僧人倾心在佛祖、佛像供奉茶叶乃至茶具，也是情理之中的事情了。最为称道的是唐朝法门寺地宫出土的唐宫廷茶具，分别以金、银、琉璃、秘色釉烧制，造型精美，令人叹为观止。这是唐僖宗将珍贵稀有的整套茶具供养释迦佛，在历史上成为茶与佛结缘的典范。

降至清代，当朝统治者因信奉藏传佛教，宫内外多处设佛堂，供奉佛像。佛前摆有七珍八宝等供器等，还会根据特殊日期供一些食品。如元旦日，皇帝在夜间三点后开始吃煮饺子，其中有二三个内包有通宝。皇帝吃到后，从口中取出的元宝不能随意赏人，一定用来敬佛，再辅以一些作料摆放在佛前。在供佛的食品中自然也包括茶叶，可惜相关的资料匮乏，在为数不多的文献中，除极少记载上供的茶品外，更多一些仅以茶字表述。如乾隆、道光二朝档案中就记录着：养心殿东西佛堂、崇敬殿佛堂、圆明园东西佛堂，上供用龙井雨前茶。同样是佛堂用茶，嘉庆时期在崇敬殿、乐寿堂两处佛堂收储供茶一项内载：乾隆款瓷珐琅佛日常明茶碗四十件；又中正殿佛龛前供茶用金把盅一件。此两条记载中佛前供的是何茶我们不得而知，这对于我们探讨佛供中是否用过普洱茶造成了一定的困惑。我们既不能排除佛供前绝对没用过普洱茶，也不能肯定就供过普洱茶。针对这些疑问，当务之急是通过对一些文献的搜寻，以弥补皇家佛堂的佛品中是否用过普洱茶这一内容的空白。

五、巧手瀹茶

每年进呈宫中的普洱茶，皇家在饮用的方式上不拘一格。既有汉人习惯的饮法，也有满族人固有的饮茶习俗，同时还有类似民间盛行的加入辅料而饮的形式。多种饮茶的形式，皆源自于普洱茶特有的品质。

（一）清茶饮法

清宫饮用普洱茶，确切说主要采取两种烹法。首先是清茶饮法，即普洱茶与水的融合，这与宫内饮绿茶、花茶等茶品一样，只需沸水冲

泡。帝后日常生活中，由御茶房或后妃等人各自茶房的太监，预先备开水与茶叶，传唤后随即烹茶以侍奉主人饮茶。《宫女谈往录》中提到：老太后进屋坐在条山炕的东边，敬茶的先敬上一盏普洱茶，可知这就是饮清茶。有时，皇帝亲自将普洱茶烹成清茶而饮。乾隆登基不久，在一次试茗活动中用雪水烹制普洱茶，边饮边吟诗作赋，字里行间对普洱茶赞赏有加就是一例。

　　清茶的饮法，也常见于宫内举行活动，皇帝赐茶之中。乾隆五十五年（1790），在圆明园举行的万寿庆典，一些外国使臣有幸安排看戏，当他们正兴致勃勃观看着戏剧时，皇帝对入宴者赏赐吃食与茶叶。其中朝鲜使节"臣仁点、臣浩修各赐苹果一碟，普洱茶一壶，茶膏一匣；臣百亨赐苹果一碟，普洱茶一壶"。这里提到的"普洱茶一壶"，显然是预先由清茶房烹好的茶水倒入壶中，供受赏者边看戏边饮。至于普洱茶膏则是依使臣身份而赏，是可以带走的赏赐物，无需现场饮用。又《甘雨集》中载：在康熙四十五年（1706），诗人查慎行于五月二十四日，随朝廷驻跸密云，在连夜风雨交加、电闪雷鸣中，有幸得到皇帝赐予的普洱茶。感激中他特作《赐普洱茶》诗一首：

> 洗尽炎州草木烟，制成贡茗味芳鲜。
>
> 筠笼蜡纸封初启，凤饼龙团样并圆。
>
> 赐出偩分瓯面月，瀹时先试道旁泉。
>
> 侍臣岂有相如渴，长是身依瀅露边。

这首带有感恩之心的诗，赞赏皇帝赏赐的有如"凤饼龙团"般的普洱茶式样、包装的材料，以及茗香的味道，特别是"瀹时先试道旁泉"一句，道出了普洱茶与多种名茶品一样在野外取用泉水烹茶的方法。诗人明确地说明受到赏赐的普洱茶是以清茶的方式享用的。

（二）浓香乳茶

> 猩猩贴地坐铺毡，红点酥油一样鲜。
>
> 普洱团茶煎百沸，偏提分赐马蹄前。

这首诗还是出自清初诗人查慎行之笔，是他在滇南从军中撰写的八首诗中之第二首。写作时间是康熙二十年（1681），当时平定三藩已接近尾声，清军再次进驻云南，一个野外就餐的场面被诗人捕捉并成诗。诗中"猩猩"，系指铺于地上的猩红色毛毡；偏提，当是指奶茶桶。全诗讲述的是清军坐在猩红色毛毯上，军中伙夫取料普洱茶与酥油，熬制出口味鲜美的奶茶，再由长官手提盛满奶茶的茶桶走到席地而坐的官兵前，一一倒入碗中。这是清军以普洱茶熬制奶茶而饮的典型事例。其实清军野外这样的饮法，是与清宫饮茶固有习俗相一致的。

清代"旧俗最重奶茶"，所以宫内奶茶饮用极为频繁。尤其是在宫廷不同名目的筵宴中，诸如三大节的盛大筵宴上，皇帝赐茶就是奶茶。正所谓"国家典礼，御殿则赐茶，乳作汁，所以使人肥泽也"。就日常帝后用餐中，奶茶作为佐餐而多次出现在餐桌上。当宫内以不同形式饮奶茶时，朝廷还本着"人所饮食，必先严献"的原则，于祭祀、萨满教等活动，也以奶茶向神灵供奉。尤其在大丧仪中，《光禄寺则例》较明确记载：坛庙祭祀、谒陵用乳茶；萨满祭祀、中正殿喇嘛念经用乳茶；列圣大

银龙凤纹多穆壶
故宫博物院藏

123

丧仪，用乳茶；皇贵妃丧、贵妃丧，嫔丧、贵人丧，以及皇太子丧、百日内每日仍三次奠献，凡奠献用乳茶。可以说在宫廷生活和相关的礼仪活动中奶茶无处不见。

但上述宫内筵宴熬制奶茶的配料之茶并非普洱茶，主要是取用浙江进贡的黄茶，其次取用安徽进贡的六安茶。至于以普洱茶为原料熬制成奶茶以供给宫内有关活动的文字记录，尚未发现。但庆幸的是在一些相关的材料中发现了一些蛛丝马迹，其饮用者则是宫廷中特殊的群体。

清朝一些统治者信奉藏传佛教，在进行相关活动中为了活动的有序，清初中正殿内设有喇嘛念经处，因佛教中念经被视作积德的一条途径，所以宫内外寺院一年四季诵经不断。其中为祝寿念经颇受皇帝的重视。嘉庆元年（1796），在乾隆帝生日的前四天，共有2000名西藏喇嘛在弘仁寺念《万寿经》。

宫内留用喇嘛们，其日常的饮食理当宫内供给。朝廷采取或发银

乾隆御用款白玉错金嵌宝石
双耳碗
故宫博物院藏

两，或供给食物。在食物中就有茶叶一项。道光朝《上谕档》中提到：各寺庙念经赏茶每处每日用奶子五十斤。显然，喇嘛们喝的是奶茶。这些人喝的奶茶中用的是何种茶叶值得推敲。清宫内外寺院原本供给六安茶，但在乾隆时期，针对六安茶供不应求的情况，遂采取"自有库存清茶房交出之普洱茶等茶四百余斤，是以足用"的措施。以普洱补足六安茶，应是源自两茶有相近之处。在消食化痰、解油腻、和胃生津等功效上，普洱茶"功力尤大也"。所以用普洱茶给喇嘛们熬制奶茶，是再合适不过的事了。清宫内飘香的奶茶之选料中，普洱贡茶应占有一席之地。

（三）混合果茶

长期以来，人们从最原始辅以葱姜煮茶饮开始，就不断创新烹茶的花样。除保留以水烹的清茶外，又相继创出了奶茶、酥油茶。至明代，以果物为辅料的果茶极为丰富。当时选择的果料有松子、莲心、木瓜、番桃、荔枝、圆眼、枇杷、柿饼、胶枣、火桃、杨梅、橙橘等，但这些果料入茶水后会夺茶之香、混其色，有损于其味。所以《遵生八笺》中提出了"所宜核桃、榛子、瓜仁、杏仁、榄仁、栗子、鸡头、银杏之类，或可用也"的观点。其实择几种果物为辅料入茶，是一种连吃带饮的方式，如果配料优良，果子淡淡的清香入于茶水中，是待客、饭后消遣的极好饮品。《水浒传》中就有王婆子用松子、胡桃与茶叶三者结合而泡得的果茶，以招待第一次上门的潘金莲。在《西湖游览志余》中也提到："立夏之日，人家各烹新茶，配以诸色细果，馈送亲戚比邻，谓之七家茶"。名著《红楼梦》中多次提及饭后饮果茶的内容。可以说在清代，果茶是伴随人们生活消遣的一道饮品，尤以社会上层的富贵之家所崇尚。

与民间热衷的果茶相比，宫廷饮果茶则是另一番情景。皇帝对饮果茶自有斟酌。乾隆曾对果茶评述："今俗所谓果茶者，亦不过入龙眼松实之类。不致濿茶味也。"从皇帝的说道中至少反映了宫廷果茶配料中择果品以少为佳、以味淡为宜。而配制的果品又以少为宜，避免喧宾夺主。

果料味淡、数量少，图的是在冲泡中不失茶味，这是宫廷饮果茶的讲究之道。但宫中何时饮果茶，其茶品配方有哪些果子，难以详述。但依档案记载，皇帝在节日期间会饮果茶。以嘉庆帝为例：嘉庆十三年（1808）除夕早晨，皇帝先喝一杯用普洱卤（即浓茶汁，往往是前一天浸泡好的）兑的万年如意果茶。在晚宴饮酒后，再上果茶。皇帝手捧"子孙永保"白玉碗，进"万年如意"果茶。随同进膳的皇后嫔妃，也饮珠兰茶卤兑的"万年如意"果茶。档案中的记载证明，普洱茶在宫廷生活中又多了一种用于果茶饮的用途。

清宫饮普洱茶的多样方式，使普洱茶的品质、功效得到进一步的发挥，也为后人合理、多重地使用普洱茶提供了可借鉴的经验。清宫饮普洱茶是不受时间的约束，一年四季随意饮啜。清晚期以慈禧为例，在某个冬季元旦（春节）的晚膳后，上茶的宫女依天气与进食特点，特地敬了一碗普洱茶。这只是说明宫内慈禧及其他人等，已根据季节的特点比较注意针对性的饮法而已，并不能作为宫中只有冬天才喝普洱茶的依据。

六、仙草疗疾

茶叶被人们初识就是其药性，《神农本草经》中记载："神农尝百草，日遇七十二毒，得茶而解之。"关于普洱茶的药性的论述，清晚期学者不乏其人。就其内容而言，集中几方面反映出普洱茶药性的作用。

（一）去腻散寒

清中期以后，人们对普洱茶的认识与研究日趋成熟，不少学者撰写专业文章。清代学者赵学敏在其《本草纲目拾遗》中说普洱茶："味苦性刻，解油腻牛羊毒，虚人禁用。苦涩，逐痰下气，刮肠通泄。""普洱茶膏黑如漆，醒酒第一。绿色者更佳，消食化痰，清胃生津，功力尤大也。"王昶在《滇行日录》中赞到："普洱茶味沉刻，土人蒸以为团，可疗疾。"吴大勋所撰的《滇南闻见录》中说："其茶能消食理气，去积滞，散风寒，最为有益之物。煎熬饮之，味极浓厚，较他茶为独胜。"在普洱茶的这些药用功效中，去油腻、消食理气、逐痰下气、刮肠通泄、散风寒等疗效，吸引了人们饮用的欲望，如一股强劲的东风，也吹进了紫禁城，开始影响着帝后的饮茶。

清宫地处北方，在肃杀的冬季，需要采取一切有效措施以保证人体内需要的热量，就宫内膳食而言，是以肥甘厚味为主要特色。膳食中常见荤菜中以鸭子、鸡、野鸡、猪、羊肉，偶尔兼有狗肉、鹿肉等，还常见有奶皮子的吃食。主料经御厨烧、炖、煎、烤、炸、溜、烩、煮、熬、蒸等多种烹饪技巧，做出几十道美味佳肴供帝后享用。遇年节之际，肥腻饮食更甚之。现以第一历史档案馆《皇帝膳食底簿》中载道光二十六年正月十五日，皇帝在圆明园慎思堂与后妃们共进家宴为例说明，在黑漆长膳桌上摆有：燕窝白鸭丝一品、三鲜肥鸡火锅一品、火腿白菜一品、口蘑锅烧鸭子一品、白汤猪肉丝炖黄花菜一品、氽羊肉一品、猪肉丝汤一品、豆腐片汤一品、鸡皮炖冻豆腐一品、炒锅渣泥一品、鸡蛋炒肉一品、鹿尾片盘一品、炘猪肉片一品、竹节卷小馒头一品、枣条白糕一品、金葵花小菜一品，随送猪肉丝面片汤、粳米干膳、鸭子粥。从道光帝春节这顿家宴，以高蛋白、高热量为主的进食特色可见一斑。然而进入体内的高热能等食物，终有一些未被吸收而堆积于体内，对人体健康造成了伤害。于是会有胃火、生痰、排泄不畅、遇冷发热等诸症发生。同样，居于北京城的皇亲国戚、达官贵人等，也患有如此的通病。身体不适中，当他们在品鉴众茶后，终于发现了大叶种的普洱茶"功力犹大也"，遂被人们视为保日常安康的一剂灵丹妙药。所以阮福才有"普洱茶名遍天下，味最酽，京师尤重之"之说。

事实上，在《红楼梦》中，就有因面吃多了，于是喝女儿茶（普洱茶中的一种）以助消食之举。而清宫内也以普洱茶助消化，最典型的是清晚期的慈禧。"在某年的大年初一的晚上，慈禧吃了油腻过大的食物回到寝宫后，递茶的宫女很自然的敬上一杯普洱茶，为的是图此茶水能给老太后解油腻、助消化、散寒等。"普洱茶可谓是人体内多余油脂、寒气入体的克星，也是有效促进新陈代谢的最佳饮品之一。正因此，清代宫廷与上层社会，尤其是清晚期，形成日常以饮普洱茶为时尚的风气。

（二）消炎祛暑

进贡宫廷的普洱茶膏所附的说明书，是摘录《本草纲目拾遗》中的文字，其中"延年益寿"是其亮点。普洱茶膏的用法多样，内饮法是第一："如涨肚，受寒，用姜汤发散出汗即愈"。普洱茶有很强的令人体发汗、祛寒的效果；而姜原本是一味药材，有通阳御寒、温脾暖胃，散发体表寒气的特性。两者配合使用，相互作用中更有效增加了祛寒暖肚的疗效。二是噙化法："口破，喉颡，受热疼痛，用五分噙口，过夜即愈"。对噙化茶膏，后妃等人并不陌生。宫内既有浙江进贡的人参茶膏、桂花茶膏，均有取人参与桂花之药性，与茶叶融合为一体，在滋补身体中达到一些去疾的疗效。此用法如同古人采取噙化膏方的进药法，但普洱茶膏与上述茶膏、膏方的不同是，它是由单一茶品熬制而成，并无滋补品于其中，所以它的消炎作用更为明显。三是外用法，即："若遇受暑，擦破皮血者，以外用法搽研敷之即愈"。这一用法道出普洱茶的杀菌、消炎、驱散暑热等功效，在此基础上能够快速愈合伤口、散发暑热。患者在用茶膏治愈中，操作简便、无苦味，疗效却不可低估。

上述普洱茶膏的药用功能，似在冬与夏两季节中应用率高，其实不然，擦破皮肤的现象并不受季节的约束，它是一年四季可以取用的。宫内茶膏的主人就是视身体出现小问题时，随时取用而及时消除不适的，长此以往使身体得到一定的保养。所以，说明书上的"延年益寿"这四字是言之有效的。

（三）配制"仙药"

明代出现了大江以北言茶则称六安的情形，六安茶生最多，名品亦振，河南、山陕人皆用之，遂成为大家喜爱的珍贵茶品。还有人提出了六安茶如野士，尤养脾胃、入药最有效的观点，成为名噪一时的茶品。受此影响，清中期以前，宫廷对安徽六安州、霍山县进贡的六安芽茶尤为重

美国牙粉
故宫博物院藏

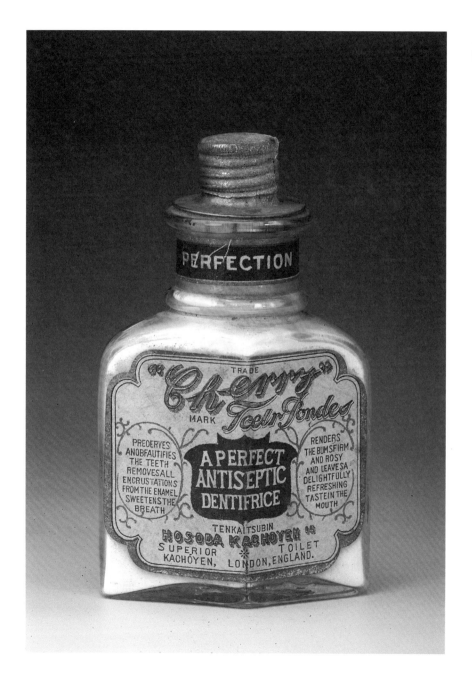

视，热衷于取用。以至于档案中提到：现今内廷清茶房及各寺庙等处每月需用六安芽茶三十余袋，合计每年需用六安芽茶四百余袋不等，但每年所进六安芽茶仅有四百袋，以前不敷应用茶斤，自有库存清茶房交出之普洱茶等茶四百余斤，是以足用。当时宫内的六安茶主要有四大方面的用途，其中一项就用于做原材料，并以山茶、紫苏叶、石菖蒲、泽泻等近十位味药配成仙药茶，宫内常用此药茶给帝后、阿哥等人治病。

据《清宫医药研究》中记述，御医为宫里人看病时经常用到仙药茶，如"嘉庆二年一月十二日，刘进喜请得嫔藿香正气丸三钱，仙药茶两钱一服，两服"。"嘉庆二年九月十八日，王裕请得嫔仙茶两钱一服，两服。嘉庆十九年十月二十一日，罗应甲请得五阿哥参苏理肺丸一钱，仙药茶一钱调服。嘉庆二十一年三月十四日，张宗濂请得五阿哥脉息浮缓。系停乳食，外受风凉之症。以致身热便溏，今用正气丸、仙药茶煎服。正气丸三钱，仙药茶五分。道光四年十月初三，郝进喜请得皇后藿香正气丸三钱，仙药茶两钱，煎汤送下。"上述几例用到仙药茶的病痛，涉及清热化湿、感寒咳嗽、小儿停乳受惊、浑身发热等症。仙药茶还经常用在调理方中，并配合其他丸药煎汤服用，后妃们经常会用到它。普洱茶补充六安茶的不足来配制仙药茶，使普洱茶的药用功能又多了一项。

（四）洁齿之妙

中国人很早就有洁齿的意识，古代宴会有一种礼节就是"为食竟饮酒荡口，使清洁及安食也。"也就是在入宴进餐后必用酒漱口，以有效预防口疾。这一过程既给漱者带来口腔健康，在与人交往中，也是尊敬他人，并带给人愉悦的心情。

古人除了取用酒漱口，之后又相继出现用青盐擦牙、口含鸡头香除恶味等诸多方法。至清晚期清宫廷与社会上层人士，已经用上西方传入的牙粉，替代了青盐。细腻的牙粉借助牙刷在口腔内呈现出丰富泡沫，牙齿存留的污垢瞬间被清除，留下了满口清新的气息。

比起上述用料，更简便、快捷而又行之有效的是以茶漱口，它可以清洁口腔，对洁齿、清除口腔异味等有很好的效果。早在宋代就有了以茶水漱口的经验之谈。著名诗人苏轼在《东坡日记》中记述："吾有一法，常自珍之。每食已，辄以浓茶漱口，烦腻既去，而脾胃自清。凡肉之在齿间者，得茶浸漱之，乃消缩，不觉脱去，不烦刺挑也。"苏东坡将茶水漱口说得头头是道，后人自觉借鉴。典型的是在《红楼梦》中，当林黛玉进了荣府吃晚饭，食毕，"又有人捧过漱盂来，黛玉也漱了口，又盥洗毕"。与林黛玉一样的大家闺秀、或小家碧玉，也自有用茶清洁口腔的。李渔《闲情偶记》中就讲过："用香皂浴身，香茶沁口，皆是闺中应有之事……每于饭后或及临睡时，以少许（香茶）润舌，则满吻皆香。"可知清代在上层社会中，以茶漱口、以茶沁香已成为时尚。他们所用的茶多为绿茶，且有浓淡之分。

画珐琅花卉瓜蝶纹唾盂
故宫博物院藏

131

这种洁齿的做法在清宫中也极为盛行。帝后常以茶水漱口，饭后漱口是必需做的事情，还会根据需要随时以茶水漱口。宫内备有大量的漱盂，就是专为漱口提供方便的器皿。帝后漱口用的茶叶是用心挑选的茶品，这在清宫档案中记载得比较详细。光绪二十七年二月初一日起至二十八年二月初一日止，一年陆续漱口用普洱茶十二两。档案中也同样记载着皇帝有时也用珠兰茶漱口。珠兰茶或为云南贡茶，或是安徽贡茶。其实此茶为哪个省份的贡茶无需追究，重要的是反映出以茶品洁齿成为皇帝等人的生活习惯之一。清帝面对几十种贡茶，选用中更多的是普洱茶。究其原因不外乎承认它在清除饭后齿间的残渣、清新口气、杀菌等诸多方面效力明显。可以说帝后择普洱茶以漱口，增强口腔健康一事，已载入文明的史册。

七、乾隆与普洱

贡品普洱茶，在皇帝与大臣的眼中是个宠儿。清代官员们妙笔生花，赞颂普洱茶。《皇清文颖》中有："高丽纸砑轻云母，普洱茶分小月团。"作者对文中的物件均给予褒奖，其中将普洱茶茶团生动称之为"小月团"，令人怜爱。康熙时期的诗人查慎行的《谢赐普洱茶》诗中，也以"凤饼龙团样并圆"来描写。雍正时期史部尚书励廷仪，有一首《伏前一日赐普洱茶》诗，诗中写到"曾赐云龙一品鲜"与"月团再拜熏风后"两句，将普洱茶团视为"云龙"般上乘物，并昵称为"月团"。

相比清代官员们的赞颂普洱，乾隆自有一番特别的论道。乾隆不断受到汉文化的影响与熏陶，在品茗论道上是一位大家。他用普洱茶也旨在重要的场合，在赏赐茶品时，受赏均为有特殊身份的人。从赏英国马嘎尔尼使团的赏单上看，普洱茶是与众多皇家精美物品并列的。作为祭祀活动中的供品，乾隆时期寿皇殿龛内唯一上供的就是普洱茶，这些足以说明乾隆眼中普洱贡茶并非是俗物。

清人画《弘历古装》通景屏（局部）
故宫博物院藏

　　在日饮上，乾隆除饮用清茶外，还有试头贡茶、野外品茗等爱好。在这些活动中，他不仅遵循传统的茶道而为，同时以茶助文思，边饮边即景生情，既而吟诗作赋。乾隆二年（1737），皇帝作题为《烹雪用前韵》的诗句，从中表述了对普洱茶的好感。诗曰：

> 瓷瓯瀹净羞琉璃，石铛敲火然松屑。
>
> 明窗有客欲浇书，文武火候先分别。
>
> 瓮中探取碧瑶瑛，圆镜分光忽如裂。
>
> 莹彻不减玉壶冰，纷零有似琼华缬。
>
> 驻春才入鱼眼起，建城名品盘中列。

松石流泉间陰末夏六
寒撲思坐盤陀飄然彩
帶寬能者畫其枝芳者
趁此閒偶宜入圖畫匾暴
竹皮冠
癸酉夏日題

张宗苍补景清人画《弘历松荫
挥笔》横轴（局部）
故宫博物院藏

雷后雨前浑脆软，小团又惜双鸾坼。

独有普洱号刚坚，清标未足夸雀舌。

点成一椀金茎露，品泉陆羽应惭拙。

寒香沃心俗虑蠲，蜀笺端研几间设。

兴来走笔一哦诗，韵叶冰霜倍清绝。

诗中反映了乾隆帝谙达艺茶之道，择具、择器、择水、择茶。在茶具上讲究瓷茶具，而弃泛有五彩光的琉璃类华而不实的杯碗。烹茶用水是预先收集的雪，因雪水比玉泉水还轻三厘，自然是上上之水。燃烧料取用松枝，并十分注意掌握大小火候，择茶中选用一些"名品盘中列"。一切烹茶的准备就绪，于是烧雪水呈现出似蟹眼的小水泡与似鱼眼的大水泡之间时，将盘中名品烹瀹。这次乾隆帝选了几种茶诗中未言明，但在多款茶中至少有两种可以明确，即普洱茶与龙井茶。乾隆品饮了这些茶之后，便醉心于茗品的感受。对普洱茶由衷地感慨，即使用"清标"这样的溢美之词，也难以道全它的品质。而他对普洱茶的评价，是清代皇帝中较为详尽的，值得玩味。

诗中将团形的普洱茶附会成鸾，沿用了宋代贡茶"龙团凤饼"的典故以示夸赞。诗中一个"惜"字道出了乾隆帝实在不忍因烹饮而破坏它的原貌。他在欣赏茶的优美外形同时，更对茶的品质给予鉴赏，写出了"独有普洱号刚坚"的名句。其实这诗句的内容，并非是乾隆的一人之言，而是与同时代人对普洱茶的认知有着异曲同工之妙。清代民间即有普洱茶"总以坚重者为细品，轻松者叶粗味薄"之说，而御制诗中"刚坚"二字，实际赞扬的是贡品普洱茶选料上乘、茶味厚重、加工工艺独特、兼有耐泡性等特点，而这些明显的优势是其他茶品不能与之相提并论的。普洱茶特有的优良品质，自然受到皇帝以及官员的青睐，这或许就是乾隆皇帝登基不久，在用雪水烹茶品茗论道时，选中普洱的原因。这也从侧面反映了乾隆帝对普洱茶的偏好。

文化遗产之传承

　　古六大茶山近二百年的贡茶史孕育了积淀厚重、独具特色的贡茶文化，至今仍具有重要的历史、科研和文化价值。几百年来尽管社会形态、经济制度发生了巨大的变化，但传统的加工技术、生产工具、产品标准、饮茶习俗仍在延续。这些历史留下的文化基因给了我们以激励和动力，让我们能够把握住现在，创造新的飞跃。今天，那些百年老茶品，正以黄金一样的价格在诱惑着人们，那些为百年老茶品供给原料的老树茶叶已成为稀缺资源，被人们高价抢购。而制作百年老茶品的传统工艺已被列入国家非物质文化遗产名录，并代表中国茶文化走进了北京奥运殿堂的"中国故事"、上海世博会的"中国元素"和意大利米兰世博会，谱写了中国茶文化走向世界的新篇章。2010年7月，故宫博物院将一件小普洱茶团、一件次大型普洱茶团、五件普洱方茶饼，送至云南省普洱市博物馆展出，可视为清代贡茶"省亲"。

非遗传承

曾经作为贡茶的易武普洱茶，可以从制作工艺、茶庄源流、自然因素、保护传承等几个方面进行探寻。

一、制作工艺

制作工艺是普洱贡茶品质的关键,所谓贡茶是那个时代的茶之骄子，国之精品。故宫博物院留存的清代众多的贡茶中，至今能喝的仅有普洱茶和普洱茶膏。为什么这两种茶品能经历百年而不腐？这是因为它们有自己特殊的加工工艺。晒青为前提，蒸压成团的固态发酵技术体现了贡茶工艺的科学性；手工纸、笋叶、篾箩的包装体现了贡茶工艺的生态性；贡茶品种、规格的设计（万寿龙团、七子圆茶等）则蕴含着数字文化的神秘性。今天，贡茶的加工工艺已成为代代相传的民间记忆，已成为贡茶文化经久不衰的基因，已列为国家非物质文化遗产加以保护。

（一）工艺传承

普洱茶非物质文化遗产制作技艺工艺流程分为六项三十五道工序：

1. 沐浴更衣

（1）着采茶服装服饰

（2）准备采茶器具

2. 焚香拜祖

（3）准备仪式用具

（4）拜祭茶祖

（5）开茶山仪式

庄主开茶山致辞曰：戊子之年，阴阳交替，乾坤回转。敬备酒醴礼祭，恭请易武乡邻，诚邀中华茶贤，会于易武正山之巅，古茶灵树之前。循千年祭祀传统，祭茶神、开茶山，公祭神农茶神、陆羽茶圣、孔明茶祖、关圣武帝之神威，敬颂先祖鸿宗创业、肇业辉煌、炳荣传承之厚德。昔诸神威及四海、福荫茶乡，灵照日月、恩泽万世；列祖列宗学富五车、才高八斗，茗呈皇宫、金匾留名。今官明率李氏子孙，传承翰墨、振兴茶业，天宇后土鉴吾诚心，百里正山诉我忠义。伏望诸神为我茶民消灾祛难，庇佑我茶山风调、雨顺、人和，茶事兴隆。

3. 上山采茶

（6）日出前，必须已经到茶山茶树下

（7）净手静心

（8）拜祭礼仪

（9）上树采摘，采晨露茶之一芽两叶

（10）摊晾

（11）盘膝静坐、凝聚心神，感受茶叶之原味清香

（12）日光杀青

（13）揉捻晒青

（14）晒青毛茶

4. 制作茶饼

（15）称重：按茶饼的大小形状，将散毛茶放入蒸筒内称足重量。

（16）内飞：将特制的内飞放置于足量的蒸筒内待蒸。

（17）蒸茶：烧柴热锅，翥水蒸气，并将蒸筒放到蒸锅上适度蒸回。

（18）入袋：将蒸回的毛茶倒出、入布袋中。

（19）做型：将蒸好的茶装袋，按"上圆、下平、面光"的要求，根据传统做型。

（20）压茶：将做好型的茶饼放到石磨下加压定型。

（21）冷却：将定好型的茶饼取出放到茶架上冷却。

（22）剥饼：将冷却后的茶饼从布袋中顺时针缓慢剥出。

（23）风干：将剥出的茶饼放置于茶架上自然风干。

5. 包装：

（24）内包：先将自然冷却后的茶饼用白棉纸和特定印刷好图案的绵纸分别以18折包装完毕。

（25）贴签：在包装完好的茶饼背面的中央贴上特制的标签。

（26）外包：先将贴好标签的茶饼以7饼叠加置放。

（27）选叶： 挑选茶山特有的完好龙竹叶4片，将茶饼包裹。

（28）扎筒：以备好的竹条6根、将包裹好的七子饼从下而上隔饼围圈包扎成马扎扣，共计6圈完成。

（29）清整：将包扎好的七子饼仔细检查、同时用烛火将竹条的飞丝燎尽以确保不扎手。

（30）入筐：将清整好的七子饼以六提一筐顺序置放于备好的竹筐中，再用竹条顺筐口左右穿梭封好。

（31）入库：将封好的茶筐分类整齐堆码在干燥、通风、无污染、无异味的库房。

6. 净石还愿

（32）制茶完成后，以带有浓郁茶香的蒸汽水、全面清洗压茶石磨后晒干。

（33）清洗蒸煮茶袋等制茶工具。

（34）将整洁的各项器具归置原位。

石模压制普洱茶饼

（35）以传统仪式庆祝，祝福品茗该茶饼的茶友。

（二）拜师学艺

成为云南省非物质文化遗产传承人的入门弟子，需先在云南省茶文化博物馆自愿担任志愿者三个月以上，学习云南普洱茶非物质文化遗产基本功，之后深入茶山进行进一步学习；需通过鄂尔泰茶道精神"勤""能""清""慎""静"五项考验并在通过后，由个人正式提出申请，经入门弟子引荐，在师门认可后，于隆重的拜师仪式上向师父行三拜大礼，呈拜师帖、亲自采摘、精制和冲泡普洱古树茶。师父喝下茶后，与两名以上见证人在拜师帖上签字确认。由此方可成为鄂尔泰茶道的入门弟子暨初段茶道师。

拜师流程：

第一，介绍传承人、见证人、拜师人；

第二，拜师人宣读拜师帖；

第三，拜师人向传承人行拜叩礼；

第四，传承人向拜师人颁发证书；

第五，见证人在证书上签字；

第六，敬拜师茶；

第七，传承人、拜师人互赠信物。

鄂尔泰茶道分为十段五级，以手带及腰间配饰等级辨示段层；一到二段为"勤"、三到四段为"能"、五到六段为"清"、七到八段为"慎"、九到十段为"静"。

入门弟子随着鄂尔泰茶道"勤""能""清""慎""静"五项能力的提升，对茶文化的了解日益精进，根据晋级，从初段茶道师一直通过茶道考试，从"勤"晋升为"清"即从一段晋升为六段。六段之后，需通过"斗茶比武"获胜后，方能逐级晋升，"静"级茶道师晋升到十段后，将可以自主选择留在本茶庄并获得独有的称号，或获得独有的茶庄名号，出师、收徒，任庄主，开创茶庄。

二、茶庄源流

茶庄应是古时经营茶叶的商行、茶庄文化是经营茶庄者在长期的实践中所积累的物质和精神财富。那么茶庄文化无疑就是：古六大茶山劳动人民根据适应自己的生产方式，在长期的实践中不断发展，并对茶山社会经济起着引领和推动作用，从而所创造积累的物质和精神财富。

对于有着千年历史的易武古茶山，趟过漫长的1700多年的历史长河的老茶庄、传承技艺的老茶人，自然是当今喜爱研究普洱茶的人们挖掘的老"宝贝"了。

说到茶庄，当然要历数那些名噪一时的老茶庄了，最先提到的就应该是易武古镇上的"福元昌号"旧址。大门口旁边那条从坡上绕过房子背后的青石板古道，不知留下了多少影像。那样的感觉太美了，尤其是站在院子里面对满目青山，而且可以看见六座山峰，赏心悦目。远远的山上升起袅袅的炊烟，茶农在山间悠然摘茶的景象，真有一种置身于世外桃源的沉醉感。而从对面的山上看过来，福元昌号整幢房屋位置优越，十分醒目。

被誉为茶王的福元昌号古茶庄现状

（一）著名古茶庄

1. 福元昌号是清光绪初年在易武开业的老茶庄，与设于倚邦的元昌号是同一茶庄的两个分店。元昌号采用倚邦一带的青茶作为原料，而福元昌号则以易武所产大叶茶为原料加工普洱茶销售海内外。福元昌号生产的圆茶，台湾的周渝先生尚保留有一筒茶饼，这些茶饼用竹衣包装，竹衣上原印有字，因年深月久字迹已剥落得无法辨认，好在茶筒内仍留有云纹图案，橘红色的正方形内票上印有"本号在易武大街开张福元昌号……以图为记，庶不致误，余福生白"等88字。这筒福元昌号饼茶据说有百年之陈，享有"普洱茶王"之誉。

2. 车顺号：沿老街西面的一条古巷深入，一座约800多平方米，精巧气派汉族风格的四合院古建筑呈现眼前，它便是车顺号大院。车顺号创建于光绪二十六年（1901），庄主车顺来，光绪二十年与李开基、肖荣光等三人参加乡试、会试，因路途遥远未参加殿试，遂向人购买易武正山贡茶敬献皇帝，被赐以例贡进士，获"瑞贡天朝"大匾。光绪二十六年，车顺来创办茶庄，年经营茶叶40担至50担，1937年停业。

3. 同庆号：由来自石屏宝秀的刘顺成创建于光绪十年前后，去世后由子刘葵光（向阳）刘丢尤（湘晋）两兄弟经营。刘葵光在民国曾任"团绅"职务，群众称之为刘大老爷，中华民国九年九月获第六分局长张瑞三赠送的"见义勇为"大匾（现保存在易武文化站），其女嫁给易武土司伍仲和，与土司署有姻亲关系，茶叶销售名扬内外，年收购、加工、销售茶叶约700担以上，主要销往中国香港、台湾地区及日本、韩国，颇受好评。经销同庆号茶叶的香港金山茶楼和龙门茶楼也名声大振，同庆号茶庄抗日战争前销往台湾的饼茶被誉为"普洱茶皇后"。

4. 安乐号：从李氏祖先开创基业，至李开基时达到鼎盛时期。当时安乐号茶庄下设同庆茶厂，所采茶叶以自己的传统制作售给刘氏开设的同庆号茶庄销售，味醇甘美，远销海外。在易比的深山密林里，我们找到

位于易比大梁子一碗水处的李开基墓（墓旁有其母亲古墓，葬于清光绪九年）墓碑字仍可辨认，有"例贡进士"等刻字。

5. 同兴号：约创办于清光绪二十三年（1897）。1937年抗日战争前的庄主是向纯武（易武有名的三武之一）及向质卿，年收购、加工、销售茶叶500余担，拥有资金10万银元，营业额20万银元左右，有骡马20余匹、驮牛20余头，与同庆号、乾利贞号、同昌号多年形成四强之势。在石屏设有同源利茶叶公司，在香港设有天福泰公司。

6. 乾利贞号：约于光绪二十三年迁往易武，民国初年与宋聘号合并，后卖给袁、刘、付三家合股经营。是易武四大茶庄之一，年经营茶叶约600担以上，拥有资金15万银元左右，营业额20万银元左右，有骡马30余匹，驮牛20余头，生意很是得心应手。茶叶主销香港、越南勐莱、泰国米赛等地。

7. 同昌号：于清光绪十年由倚邦迁往易武，约于光绪十六年卖给黄家珍（黄锦堂）。庄主黄锦堂，系清朝士绅，群众称之为黄大老爷。在易武正街盖了许多楼房，还在距离易武30余公里的刮风寨建驿站，方便来往马帮食宿。黄家珍弟黄席珍于清光绪二十年（1895）进京赶考，考上武进士，被派往四川宜宾做官，黄家大门口两棵柱子锯了下半截，左右安上石狮子，以表示这是武官家庭。

8. 东和祥（义兴祥）：庄主高耀光，有骡马12匹，驮牛109头，年收购、加工、贩卖茶叶200余担，抗日战争爆发后停止茶业，房屋现还存在。

1 任少和旧居
2 宋乔昌旧居

1

2

9 泰东祥：庄主黄卫忠，有骡马12匹，驮牛24头，年收购加工、贩卖茶叶100—150担，1937年停业。

10. 同泰昌：庄主朱小五（武）是易武的三武之一，年经营茶叶60担左右，还出钱向云南省主席龙云买得担任税官，每年所收税金按规定上缴外，其余归己有。抗战爆发后，茶业停止后搬回石屏，易武的房子在1970

1 李曾荣旧居
2 李顺来旧居

1
———
2

年的大火中被毁。

（二）茶庄的蕴含

1. 茶庄文化的历史

公元3世纪，当地土著民族发现茶叶具有独到的药理功效，在公元220年遂将野生茶树进行人工驯化。而后有1700多年前的武侯遗种"茶王树"。至清雍、乾时期，山山有茶树、处处有人家，出现了"10万人入山做茶"的盛况。随着茶叶经济的发展，为满足"商贾云集"的市场需求，一批茶庄如：同庆号、同兴号、乾利贞号等应运而生，它们在历史上对茶山社会、经济、文化的发展起了重要的推动作用。于是我们把茶庄劳动人民长期以来的生产方式所创造的物质和精神成果称之为茶庄文化。它所蕴含的物质形态有百年老茶庄、茶马古道、古茶园、古茶树、古压茶石等。它所留下的精神财富有古匾牌、碑文、手工传统制茶技艺、茶歌诗歌、石雕等。因此茶庄文化是古六大茶山特有的，是历史留下的一笔珍贵的遗产。

2. 茶庄文化的再生

由于历史变迁，清朝后期至20世纪末，古六大茶山衰落了，茶庄文化曾经近百年长夜无歌。1993年中国普洱茶叶节的举办拉开了茶文化复兴的序幕，1993年开启普洱茶发展的新里程。此后的十几年一发不可收拾，政府、百姓，商人、官员，国内、国外，"普洱茶"成了人们常见的话题，历经百年的沉寂，普洱茶又焕发了岁月积淀的光辉。随着茶文化的复兴，古六大茶山也相继出现了以"鄂尔泰""顺时兴"等为代表的品牌茶号。

3. 茶庄文化的传承

2006年，在云南省技术质量监督局的关心指导下，由云南民族茶文化研究会牵头，易武28家历史悠久的古茶厂、茶庄、共同成立了云南易武正山茶叶有限公司。至此，一条公司、茶庄、农户合成的新型农业产业化道路起步了，更重要的是保留了易武古茶庄文化的火种，同时标志着普洱茶传统加工技艺的复兴。

2009年，由云南易武正山茶叶有限公司申报的"易武七子饼"传统

加工技艺经勐腊县政府、西双版纳州政府、云南省政府上报国家文化部，获批列入国家非物质文化遗产名录。至此，守望我们的非物质文化遗产普洱茶七子饼、保护我们的精神家园的职责，成为了我们古茶山人

今日茶货运输

民应尽的义务。

　　茶庄是普洱贡茶的经济基础。清乾隆中后期，随着普洱茶生产的发展，在茶叶集散地倚邦、易武相继出现了一些制茶作坊，后因贡茶数量的增大和贡茶采办严格的管理要求，一些有规模，加工兼销售为一体的茶庄（茶号）应运而生。于是，贡茶主要由这些茶庄加工，而今藏于故宫博物院和市面上的以昂贵价格买卖的陈年老普洱绝大部分是这些茶庄加工的。

　　茶庄还是茶山经济的细胞，茶庄的出现是古六大茶山经济和社会发展的标志。茶庄机制包括：一是茶业的生产技术和管理，二是传统工艺的文化遗产，三是诚实、守信的价值体系。

三、自然因素

　　大自然馈赠——古茶树是普洱贡茶的文化特色之一。古六大茶山生长着唐宋时期的千年古茶树，明清时期的万亩古茶园，这是大自然和人类共同创造的宝贵财富和遗产。名山出名茶，这是中国茶叶产区的一种现象。古六大茶山因贡茶而有名已有近三百年的历史。为什么贡茶会有名呢？是因为历经百年沧桑的检验，它具有的独特韵味赢得了口碑。

普洱贡茶特有的品质得益于它不可复制的地理环境，以及与其相伴相生的微生物菌种。茶树、茶山、环境、菌种既是古六大茶山贡茶文化的物质形态，也是人类宝贵的自然、文化遗产。

遗迹是贡茶文化的历史依据。古六大茶山是普洱贡茶的采办地，历时二百多年的岁贡史让它底蕴十分深厚，茶文化遗迹异常丰富，地域越偏僻古老文化保留越多。今天，一条从易武"公家大园"起步，穿越古茶山通往普洱的茶叶古道，在沧烟落照中营造着那遥远的记忆，古道边的破壁残垣却诉说着它经历的沧桑，散落在沿途古村镇的那些石碑、牌匾，艺文韵迹还躺在深山人未识。保存在易武茶文化博物馆的"断案碑"、茶山"执照碑"、还有倚邦官坟梁子丛林中的"乾隆碑"讲述着那段辉煌的贡茶史。这些遗迹是普洱贡茶发展的历史依据，对研究清代贡茶文化有重要的价值。

在"以粮为纲"的年代和大力发展橡胶的时期，大片古茶树遭到乱砍乱伐和毁坏，茶农对古茶树资源保护的意识淡薄，有意无意地砍伐古茶树，或开垦种植其他作物，或将古茶树用于制木器具、弦琴，令人十分痛心。古茶树、古茶园粗放式管理严重，普遍存在只采摘不管理的现象：折断树枝、抹光叶片强行采收，苔藓地衣被清除或绝迹。由于这些不良影响，易武乡曼腊村委会古茶树已严重衰败退化，产量不多，经测算，古茶平均单产只达到11.4公斤，这使茶叶造福山区人民的优势远远没有发挥出来。

穿行在这古树茶林间，抬头仰望着从大树林中透进的射光，心中对古人勤劳勇敢的敬意油然而生，更敬畏这有着几百年树龄的参天古茶树。抚摸着、感叹着这中国最古老的原始农耕文明遗存下来的灵物，不论时世更替、时代变迁，她的花依然绽放，她的叶依然翠绿，如此年复一年，甚至忘了记起，直到人们一次次地把她推到了获取高额回报的风口浪尖之上，她却依然不倦地回馈给人类。而那些用不着就砍、用得着就抢，只顾

索取她价值的人们，在面对着这靠天养着而无须任何人类养护的她，怎能

不感到汗颜呢？

　　茶马古道古迹也破坏严重，无人管理；茶文化文物、古迹几乎损毁

殆尽、无具体保护措施；家庭作坊制茶设备更是简陋、卫生条件极差，制

景迈茶园

1	2
3	

作粗放、形不成型，传统手工制作在现代机器生产的冲击下，已经在绝迹的边缘，大部分茶庄已经不再使用手工制作。加之许多老茶人年事已高，而年轻人却没有完全掌握和继承普洱茶的传统手工制作工艺，因此保护和传承贡茶文化任重道远。

四、保护传承

（一）保护计划

1. 保护好老茶人，保存完整的传统七子饼手工制作工艺流程，积极向国家非遗中心申报传统手工制茶技艺的传承人，使普洱茶传统手工制作工艺的魅力发扬光大、后继有人。

2. 在现代普洱茶生产企业中，积极推广传统手工制茶技艺，保持其传统特色。

3. 保护和建设好传统贡茶原料生产基地，制作规范的茶园管理、采摘、加工为一体的毛茶粗制所，同时也达到保护古茶园古茶树的目的。

申报非物质文化遗产样茶

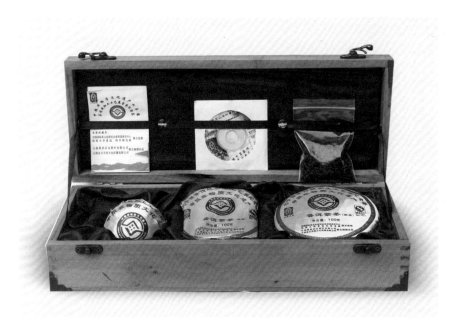

（二）保护措施

1. 通过古茶资源普查，摸清家底，实施每棵古茶树的身份证制度。

2. 保护古茶园区域范围的自然环境，解决好古茶树、古茶园保护与开发利用中存在的问题。举办普洱茶传统手工制作技艺赛事，让年轻茶人向老茶人学习传统七子饼手工制作工艺，传承这一濒临绝迹的传统工艺，让这历经岁月磨炼的传统文化发扬光大。

五、价值

第一，历史信息。普洱贡茶传统工艺产生于清康雍乾时代，它提供的历史信息对研究"盛世兴茶"的历史特色，对研究古茶山的政治、经济、文化均具有重要的意义。

普洱贡茶传统工艺是古茶山人民继承性的创造，同时清政府把它作为政策、条规确定下来。"七子饼"的重量、尺寸、包装对研究清代茶政、茶法具有重要的价值。

八色茶

普洱"八色贡茶"传统工艺的研究对了解清代的贡茶制度有一定的价值。

第二，吉祥寓意。"七子圆茶"蕴涵"圆圆满满"、多子多福的寓意。包装的内票、商标图案的书法艺术，都具有丰富的民族文化内涵。

第三，工艺价值。普洱贡茶传统工艺是在宋代龙团凤饼的基础上，总结古茶山"元宝茶"的制作经验而形成的。

普洱贡茶蒸压加工，使晒青毛茶在高温下增加湿度，这是普洱茶后发酵的基础，是传统普洱茶加工的技术核心。普洱贡茶造形的曲面可增加表面积，从而增大和空气的接触面，加快陈化。茶饼中间的洞既利于水分蒸发又可使七块茶饼叠加时，其间保留空气，利于陈化。

普洱贡茶的内（绵纸）外（笋叶）包装，既方便运输，防止外界的污染，保持生态，又可使茶容易和空气接触，便于陈化。

第四，市场潜力。普洱贡茶传统工艺加工的"七子饼"茶经历几百年的历史，形成了自己的消费群体，具有传统的市场。普洱贡茶正确保存10年以上者经济价值倍增。

普洱贡茶传统文化就是民族文化，越是民族的就越是世界的，"七子饼"茶的文化内涵，使之具有广阔的海内外市场。普洱贡茶的原料、包装生态，手工制作工艺，在以人为本的社会中深受世人欢迎。

奥运风采

　　2008年，经过激烈的角逐，云南省茶文化博物馆被第29届奥林匹克运动会组委会、中华人民共和国文化部选定，代表云南省进京参加奥运会、残奥会。作为"中国故事"文化展中唯一的茶文化项目，云南省茶文化博物馆向世界展示中国博大精深的茶文化。并由此荣获了国际奥组委和国家文化部颁发的"最受欢迎奖"。百年奥运梦、千年古茶魂。

云南省茶文化博物馆参加北京奥运会中国故事文化展

北京第29届奥运会上，中国向世界展开了五千年灿烂的历史画卷，由云南省茶文化博物馆参展的唯一奥运文化展"中国故事"祥云小屋实践了对国际奥组委作出的承诺："世界给我16天，我还世界五千年"。由云南省文化厅和西双版纳州政府主办、云南省茶文化博物馆荣选承办的云南祥云小屋经过180多天的备战历程，终于落户奥林匹克公园、荣登奥运文化殿堂。小屋的点点滴滴凝聚着全体人员的智慧，流淌着他们的心血和汗水，闪耀着云南茶人的思想火花。精心设计、特点突出、主题鲜明的展厅，云南祥云小屋要让人们通过这唯一贯穿奥运、残奥和十一黄金周的窗口，看到自然、生态、和谐发展中的云南，感受蓬勃生机的茶山、欣欣向荣的村寨，体验古老的制茶工艺，载歌载舞，尽情享受世外茶园。

走进云南祥云小屋，仿佛走进了千年古茶树的世界，也走进了普洱贡茶的故乡。独携茶山小团月，共品易武普洱香。贡茶之乡易武，一个跨越了千年沧桑的古镇。茶马古道留下的遗产，积淀着厚重的茶山文化；"茶案碑""执照碑"的斑驳字迹里镌刻着清代茶政的文化密码，闪烁着历史深处的记忆。带着云南古茶山人民的期望，祥云小屋向世界展示那别有一番特色的人文风情及那片土地上孕育而出的缕缕茶香。云南各民族工作人员热情好客，喜欢山潮水潮不如人来潮，经常走在路上也能听到游客们说的相约去看云南祥云小屋的话语。美丽、神奇、诱人的云南祥云小屋仿佛藏着无穷无尽的奥秘，洋溢着风采盎然的活力，可以领略五彩斑斓的民族文化和千年的普洱故事。

香溢小屋，茶味人生细品悟。一大早，云南祥云小屋门口就游人如潮，早已排成一条长龙。此时屋内传出了柔美的葫芦丝声，像晨雾般飘渺。伴着激情的象脚鼓声，小屋的门开启了，身着盛装的各民族少女喜迎宾客入屋。90平米的小屋顿时喧嚣了，有的在大茶屏风前驻足观赏，有的在金孔雀旁摄影留念……小屋的主人们用传统工艺加工着七子圆茶，游人在茶饼内票上签名留下历史的记忆，茶桌前游人品茗。"礼乐文明"是中华文明的精神命脉，葫芦丝韵味悠悠，游人的心灵伴随着茶香回归自然，同时也使小屋更优雅，成为了一个温馨的洞天福地。又到了每天一次的民族歌舞互动时间，游人们在姑娘小伙的盛邀下轻歌曼舞跳起来……

回首奥运及黄金周的日日夜夜，身为"中国故事"工作人员，虽然

1 奥运会云南馆互动表演区
2 奥运会云南馆内景

1
—————
2

从一个季节跨越到了另一个季节，虽然一天连续工作十几个小时，但是大家只有一个共同的目标，那就是"成功奥运"。就算一整天必须重复同一句话上千遍，就算北京有让人难忍的"桑拿天"，但是这一切困难都不是障碍，都无法冲淡普洱家乡人们对"北京奥运"的热情。在这三十四天里，"祥云小屋"一共接待了中外宾客48.76万人次。在云南小屋里，我们每天向客人们讲诉着彩云之南神奇古老的民族文化；讲诉着普洱茶前世与今生的故事；用民族欢歌连动着世界人民的云南情节。展品"八色贡茶"还荣获了"优秀展品奖"，被北京奥林匹克博物馆珍藏。展品中国故事"茶山人家"被云南省博物馆永久收藏。通过百年奥运盛会的展示，这也是保留茶庄文化的价值所在，传承和发扬茶庄文化任重道远。

中国云南边陲西双版纳的古六大茶山历经了1 700多年的沧桑，至今仍为世人津津乐道。茶马古道那石板上滑润的苔藓，那长年累月被马蹄踏出的累累坑凹，仿佛在向世人讲述着昨天茶山人家的故事。

挂铃声声，蹄声阵阵，茶马古道，驮来古茶山人民的勤劳，驮来世界人民的健康、团结与和谐。古六大茶山——云南连接内陆和东南亚茶马古道的起点，百里正山、千里沃土、万亩茶园的普洱茶从这里上路，经思茅地区转运，抵达昆明、北京、香港、台湾、新疆、内蒙、西藏以及东南亚的印度、尼泊尔、越南、老挝、缅甸、泰国、印度尼西亚、马来西亚等国家和地区，甚至远销阿拉伯地区和欧美国家，把不同时代的人民、国家和民族紧紧地联系在了一起。

昔日皇家深宫茶，进入寻常百姓家。过去的皇家饮品——"普洱茶"，今天已经为广大的人民所享用。

云南是上苍赐予人类完美的植物宝库，古六大茶山所产的乔木茶就在这纯净无害的自然环境下生长。21世纪应是人与自然和谐共生的时代，人们追求和谐与团结、绿色与健康。对茶叶，尤其是对富含抗癌、消脂、排尿酸、降胆固醇、减肥等保健功效元素的易武古乔木茶推崇备至。

自然、生态、和谐、健康的主题，是云南省茶文化博物馆和古六大茶山博物馆的传习宗旨。在这里，产自远离污染的古六大茶山的七子圆茶被人们奉为"可以喝的古董"和"价等兼金"的典藏珍品。它不仅能带给人们身体上的健康，更能带给人们精神上的愉悦。

踏访古六大茶山的茶山人家，可以倾心释放"健康、绿色、灵性"的情怀。当我们坐下来，看着这些采自数百年老茶树上的清明前嫩绿新芽在热气腾腾的泉水中慢慢活化舞蹈的时候，蓦然回首，这情怀就在掌心和唇齿之间。这里延续着中国古法制茶的工艺，这里记录着新一代茶人的成长，这里是怀金孕宝的茶文化天堂，这里是古茶山人民勤劳智慧的缩影。古六大茶山让生活岁月陈香，淳朴而自然，清香而甘甜，一杯浓茶，一方风情，彩云之南，茶山人家，朴实的视角，沉淀的香味，令人回味无穷。

世博华章

2010年5月1日，世博史上历时最长的上海世博会开幕了。

采来古茶千片叶，添得世博一缕香。来自祖国西南边陲植物王国原始丛林深处的灵物，古六大茶山的大叶古乔木茶，以其独特的魅力、叩开了世博的大门，这朵曾经在2008年北京奥运"中国故事"文化展上独占鳌头、万茗之中的奇葩，再次绽放在这5.3平方公里、万国博览大花园里。

在世博会大型中轴的下方，在门面装修别致的特许商品专卖店的货架上，特制冷美人茶的倩影，如芙蓉出水般清丽脱俗。

由中国国际茶文化研究会主办的中国六大类名茶展台上，云南省茶文化博物馆为唯一黑茶类的代表入选，作为中国顶尖名茶参展。

在由云南省人民政府主办的世博"云南活动周"上，云南高山云海的山茶花用鲜艳的花朵在舞台用心诠释着积淀厚重的中华茶文化和五彩缤纷的民族茶文化，民族歌舞、奇石异卉和普洱茶作为云南的名片，传递着对外交往的热情。姑娘们才从庆典广场的泼水节下来，又带着满身的幸福与吉祥之水开始了每天两场的茶艺表演。世博会结束后，云南省茶文化博物馆单位和馆长等工作人员获得荣誉证书。

2015年，云南省茶文化博物馆继2008年北京奥运会和2010年上海世博会之后，再次登上意大利米兰世博会这个国际舞台。云南民族乐器葫芦丝、柔美的傣族舞蹈、精美的刺绣工艺和久负盛名的云南普洱茶展品以及民族茶艺表演，得到了充分展示。普洱茶展品鄂尔泰牌之"龙团凤饼"作为国礼在7月4日米兰世博会云南世博活动日的开幕式上，由云南省常务副省长李江赠送给意大利贵宾。为米兰世博会精心设计的国礼"五行养生茶膏精华"天、地、

人、和、德的设计理念，与意大利米兰世博会中国国家馆的设计理念相得益彰，她充分地体现了《希望的田野、生命的源泉》这一米兰世博会的主题。天，我们的古树茶是上苍赐予的物；地，她根植于厚德载物，广袤不可复制的沃土；人，她是我们勤劳智慧的祖先农耕文明的成果；和，她是我们中华各民族人民共同珍爱的饮品；德，她为人类提供健康安全、品质优良，和可持续发展的饮品保障。

7月8日，云南省茶文化博物馆还带着普洱茶展品受邀走进联合国馆，走进米兰著名的华人街进一步宣传，推广茶文化和普及茶知识，与意大利的茶人们共享千年古茶的健康养生理念，共享世界茶源中心农耕文明的成果。

云南省茶文化博物馆的团队无论在国内还是国外、台上还是台下，她们都始终是深情慷慨地、富于灵性和不畏辛劳地向参观者热情宣传、耐心解答、向他们送上杯杯香茗，寻觅着连接世界的新天地。

一杯浓茶、一方风情，云南古茶山儿女，朴实的视觉、沉淀的茶香将留在记忆中……

博物珍藏

　　早期的普洱茶+互联网，最早是从茶叶、茶具网销论坛开始的。这种方式从交流到销售，大部分是商家自己进行的。但由于支付信任瓶颈的存在，想在网上买普洱茶，得先打钱给商家，靠商家的诚信来保证交易的顺利完成和茶叶的质量，所以那个时候的网购以熟人为主体。随着第三方支付平台的诞生，以及快递公司的先后崛起，普洱茶开始在网络商城上迅速铺开，根据阿里研究院公布的数据显示："2015年中国茶叶淘宝、天猫销售额达到88亿元"，其中普洱茶销售额约在10亿左右。而普洱茶商家也纷纷建立了自己的公众号，普洱茶也由传统的PC端网络营销开始向移动端网络营销转变。

　　今天，云南普洱茶已先后在一些交易所流通上市；云南省茶文化博物馆也成为观众与茶山的衔接，让人们通过对展品的兴趣进而对茶山、茶园、茶庄等深入探寻。

　　如今人们也可以透过PC端或者移动端设备真切地追溯到产品的源头，保证了人们对食品安全的更高需求。它不但缩短了茶山人民与中外消费者之间的距离，也让云南众多茶山的年轻一代人无需像他们先辈一样虽然有"十万人入山做茶"的盛况，但却面临着因路途遥远，加之信息的闭塞，致使对外宣传难、交易风险大、运输成本高等艰辛。在今天，他们结

束了进贡马帮用脚步丈量大地的壮举，借助互联网，飞越山川与海洋，让世界人民足不出户就感受到了云南这普洱茶原生地的魅力。

在这个背景下，经云南省文化厅批准，云南省民政厅注册设立了一个茶文化类专项公益性博物馆——云南省茶文化博物馆。主要是面向国内外观光人群展示和展览云南历史悠久的古代、近现代茶文化历史和馆藏的云南普洱茶、茶具等，同时为参观博物馆的游客提供云南普洱茶茶艺、茶文化的知识讲解。此外，还为到访的参观者提供云南普洱茶品茗、茶艺表演，普洱茶冲泡知识等免费服务以及互动体验非物质文化遗产普洱茶传统

云南省茶文化博物馆内景

1	2
3	4

加工制作技艺。云南省茶文化博物馆业务主管单位为云南省文化厅，展馆的管理、展品维护和日常运营由云南省级非物质文化遗产普洱茶传统加工制作技艺保护单位云南易武正山茶叶有限公司直接负责。

云南省茶文化博物馆自建馆以来，展示和展览各类珍稀种类普洱茶样本、陈年普洱茶、古乔木茶达三百余种。最老的馆藏茶可以追溯到20世纪20年代，横跨一个世纪的岁月。

云南省茶文化博物馆坐落在昆明的最繁华闹市区——正义坊钱王街古建筑内，这里曾是第20任云贵总督鄂尔泰的居所。云南省茶文化博物馆是云南省最佳的茶文化殿堂。每天来参观的中外宾客络绎不绝，宾客们对中国五千年文明重要组成部分的茶文化很感兴趣，尤其是对云南特有的普洱茶更是好奇。展柜里古茶山老物件、老茶饼，中华木兰化石，茶马古道上的马鞍子、马驮子和清代官员进茶山的坐骑（古马车），以及富有现代色彩的各色礼品茶都是该馆的珍藏。游客们充满着强烈的求知欲，希望能品上一盏陈香普洱。一些游客甚至还拿出本子认真地记录普洱茶的逸闻趣

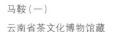

马鞍（一）
云南省茶文化博物馆藏

马鞍（二）

云南省茶文化博物馆藏

事和讲解员的答疑。云南省茶文化博物馆的口碑特别好，很多客人都是慕名而来的。全体工作人员备受鼓舞，坚持服务好每一个参观者，让他们乘兴而来，满意而归。

这里是历史和现代的融合，是传统文明和现代文明的交织。普洱茶

1　中华木兰化石（局部）
云南省茶文化博物馆藏
2　古茶山天养龙珠
云南省茶文化博物馆藏

1
———————
2

马帮的水囊
云南省茶文化博物馆藏

1 马铃

云南省茶文化博物馆藏

2 马帮食盒

云南省茶文化博物馆藏

3 普洱茶膏

云南省茶文化博物馆藏

非遗传统制作技艺的互动，特别吸引进入展馆的游客。普洱茶的陈香让客人闻香而入、品香而坐。这里看见的是名茶，品到的是茗香，这里能让人的心静下来，闭上眼睛的一刹那就仿佛进入了茶文化悠悠的时光隧道，来到万亩的古茶园，百年的古茶庄，听到百年的马铃声，闻到千年

的普洱香。

　　为建设茶文化自然博物馆，使云南省茶文化博物馆由中心城市外延到古六大茶山，博物馆方不遗余力地到大山深处去寻找那些散落在深山老林中的古迹，去保护那些残存的古碑、古匾、古道，还到茶农百姓家中去收集遗存的文物，不忘古茶山，发扬贡茶文化的传统，塑造优质普洱茶的品牌。所收集到的上百件藏品终于在2006年于易武古六大茶山博物馆与世人见面了。这是迄今为止，中国唯一一个乡村级茶文化博物馆。今后，该馆还计划在云南其他古茶山建设保护点，建设一流的专业博物馆。

　　在路上，任重道远……

参考文献

尤中：《云南民族史——德昂族》，云南大学出版社，1994年。

西双版纳州人民政府：《中笃弓贝叶经故事连环画》，上海文艺出版社，2009年。

《普洱府志》，据镇绍谦原本、李熙龄咸丰元年续修本影印。

〔唐〕樊绰：《蛮书》，中华书局，1962年。

〔清〕鄂尔泰：《云南通志》，云南人民出版社，2007年。

曾丽云：《易武·古茶第一镇》，云南美术出版社，2006年。

万秀锋、刘宝建、王慧、付超：《清代贡茶研究》，故宫出版社，2014年。

云南民族茶文化研究会、云南省茶文化博物馆：《历史的脚印·易武茶文化博物馆》，云南人民出版社，2015年。

《嘉德四季》，中国嘉德国际拍卖有限公司，2008年12月。

图书在版编目（ＣＩＰ）数据

贡茶普洱的故事 / 云南省茶文化博物馆著 ； 刘宝建，
曾丽云撰稿. -- 北京 ： 故宫出版社，2017.12（2018.10重印）
　ISBN 978-7-5134-1079-3

　Ⅰ．①贡… Ⅱ．①云… ②刘… ③曾… Ⅲ．①普洱茶
－文化史 Ⅳ．①TS971.21

　中国版本图书馆CIP数据核字(2017)第307516号

贡茶普洱的故事

著　　　者：云南省茶文化博物馆

撰　　　稿：刘宝建　曾丽云

图片提供：故宫博物院资料信息部　曾丽云　修齐

出 版 人：王亚民

责任编辑：冯修齐

编辑助理：吴　冕

装帧设计：赵　谦

出版发行：故宫出版社

　　　　　地址：北京市东城区景山前街4号　邮编：100009

　　　　　电话：010-85007816　010-85007808　传真：010-65129479

　　　　　邮箱：ggcb@culturefc.cn　网址：www.culturefc.cn

制　　　版：北京印艺启航文化发展有限公司

印　　　刷：北京启航东方印刷有限公司

开　　　本：787毫米×1092毫米　1/16

印　　　张：11

字　　　数：88千字

版　　　次：2017年12月第1版第1次印刷
　　　　　　2018年10月第1版第2次印刷

印　　　数：2001~6500册

书　　　号：ISBN 978-7-5134-1079-3

定　　　价：76.00元